U0137666

思明记忆之厦门海洋历史文化丛书

厦门市思明区文化馆
厦门市闽南文化研究会 编

走向海洋
从刺桐港到月港

蔡少谦 黄锡源 著

海峡出版发行集团
THE STRAITS PUBLISHING & DISTRIBUTING GROUP

鹭江出版社
LUJIANG PUBLISHING HOUSE

2020年·厦门

总　序

　　2016 年受思明区文化馆的委托，厦门市闽南文化研究会配合厦门市非物质文化遗产保护中心、厦港街道等在沙坡尾设计、建设送王船展示馆。展示馆建成后，来参观的人很多，当时文化部非遗司的领导和专家观看后，对于在这样简陋的条件下能有这样的展示很是称赞。思明区文化馆于是进一步和厦门市闽南文化研究会商定共同编撰出版这套"思明记忆之厦门海洋历史文化丛书"，委托我担任这套丛书的主编。厦门市闽南文化研究会于是成立了"厦门海洋文化研究课题组"，成员除几位作者之外，还有海沧区闽南文化研究会的几位年轻人。

　　2017 年，习近平总书记在金砖国家领导人厦门会晤时对厦门文化作了高度的概括，他说，"厦门还是著名的侨乡和闽南文化的发源地，中外文化在这里交融并蓄，造就了它开放包容的性格和海纳百川的气度"。

　　这段话内涵丰富：厦门在近现代的发展中秉持开放包容、海纳百川的理念，创新、创造了体现中外文化美美与共的新闽南文化，引领了闽南文化在近现代的创新发展，是近现代闽南文化的发源地。

　　讲厦门离不开闽南，讲闽南也离不开厦门。只有全面深刻了解几千年来闽南人与海洋的关系，及其所构建的闽南海洋文化，才可能真正了解厦门在其中所发挥的作用。不了解闽南，无以解读厦门；当然不了解厦门，也不能全面完整地解读闽南。厦门海洋历史文化，必须从闽南海洋文化说起。

闽南文化区别于其他地域文化最重要的特征就是它的海洋性。把"海"字拆解可知：水是人之母，海洋是生命的摇篮。山海之间的闽南，与海洋结下了不解之缘。不理清闽南海洋文化，就不能真正认识、理解闽南文化。

习近平总书记在致 2019 中国海洋经济博览会的贺信中指出：海洋对人类社会生存和发展具有重要意义，海洋孕育了生命、联通了世界、促进了发展。

党的十九大报告明确提出：坚持陆海统筹，加快建设海洋强国。

当今世界，海洋占地球面积的 71%；世界 GDP 的 80%产生于沿海 100 公里地带；世界贸易的 90%是通过海运实现的。① 世界最发达的地区是纽约湾区、旧金山湾区、东京湾区。中国最发达的地区，是珠三角、长三角、环渤海地区。现在中国正在推动粤港澳大湾区建设。

人类向海洋、向港口海湾型城市的集聚和靠拢，已经成为发展趋势。

世界发展的另一个趋势是世界经济重心向亚洲转移。过去 500 年，经济全球化是以西方为中心的。进入 21 世纪，以东亚和金砖国家为代表的发展中国家迅猛崛起。

---

① 王义桅：《世界是通的——"一带一路"的逻辑》，商务印书馆，2016 年版，第 5 页。

2018 年，发展中国家在世界经济中所占的比重已经超过了 40％，西方发达国家所占的比重从曾经的将近 90％ 降到 60％。世界经济呈现出东西平衡、南北平等的趋势，标志着以西方为中心的经济全球化正在结束，构建人类命运共同体的经济全球化新时代已经开启。

我们必须在这两个世界潮流中，以长时段、全局性、动态性的历史思维来重新认识、重新定位闽南文化。

闽南的历史，可以说就是四个港口的历史。（1）宋元时期的泉州刺桐港，曾经是世界海洋贸易的中心，创造了许许多多彪炳于世的文化。（2）明朝时的漳州月港，打破明王朝的海禁，成为中国迎接大航海时期经济全球化第一波浪潮的最大对外贸易港口，创造了克拉克瓷等传播世界的文化精品。（3）清代以后的厦门港，曾经是闽台对渡的唯一口岸，又是闽南人过台湾、下南洋的出发地和归来港口。厦门工匠还改进福船，创制了同安梭船，并以蔗糖、茶叶、龙眼干等闽南农产品的商品化，推动了海洋文化与农耕文化相融合的闽南海洋文化在清代的发展。鸦片战争以后，厦门学习工业文明，推动了闽南文化的现代化，培育了许多中国近代的杰出人物。（4）1949 年后，由于西方的封锁，香港和台湾在后来的 30 年里成为中国仅有的对外开放区域，台湾的高雄港一度成为世界第三大的港口，台湾的闽南语流行歌曲、电视歌仔戏、电视布袋戏成为 20 世纪下半叶闽南文化创新发展的典型。

历史证明，闽南最大的港口在哪儿，哪里就引领闽南文化的创新与发展；闽南的海洋文化是千百年来闽南文化生生不息的重要发展动力，是中国海洋历史文化的杰出代表。

2017 年，厦门和漳州的 12 个港区组成的厦门港，其集装箱吞吐量超过高雄港，成为世界第十四大港口。厦门，又一次成为闽台最大的航运中心。

在世界走向海洋、走向湾区的大趋势中，在港口引领闽南经济社会文化发展的历史经验里，新时代闽南文化研究将何去何从？

为了更美好的明天，我们必须以新视野、新思维、新方法重新认识、重新梳理闽南海洋文化，重新总结闽南海洋文化历史给我们提供的经验、教训和智慧，充分发挥闽南文化的作用，推动构建 21 世纪海上丝绸之路民心相通的文化平台，推动构建人类命运共同体，促进祖国的和平统一。加强闽南海洋历史文化的研究，意义深远，应当引起更多的重视和关注，应当成为闽南文化研究的重中之重。

一、 关于海洋文化

走向海洋，就必须了解海洋，了解海洋文化。但是关于海洋文化，关于中国海洋文化、闽南海洋文化，至今还有许多模糊的看法，影响我们真正地了解海洋文化，了解闽南海洋文化。

人类拥有共同的海洋知识，但世界上没有相同的海洋文化。日本的海洋文化不同于英国的海洋文化，广东的疍民不同于闽南的疍民。但是，究竟不同在哪里？似乎还没有明晰的解读。

在世界文明类型的划分中，以黑格尔的《历史哲学》

观点最为经典，对后世影响最大。

在欧洲横行世界的历史背景下，黑格尔以欧洲为中心，根据世界地理和人类思想本质的差别，将世界文明分成三种类型[①]：一为干燥的高地、草原和平原，以非洲大陆及游牧民族为代表，他们以放牧为业四处迁徙，除了显示出好客和喜好劫掠两个极端性格之外，并无法形成法律和国家，因其野蛮本性而被黑格尔隔绝于文明之外；二为大江大河灌溉的平原流域，以亚洲大陆和农耕民族为代表，他们依靠农业获得四季有序的收获，因土地所有权及各种法律关系而产生国家，并从中孕育了保守的、苟安的、封闭的、忍耐的大陆文明；三为与海相连的海岸地区，以欧洲大陆和海洋民族为代表，他们摆脱陆地的束缚走向海洋，进行征服、掠夺和争逐利润的商业活动，从而养成了冒险的、扩张的、开放的、具有竞争性的性格和相应的海洋文明。

从黑格尔的文明划分中，我们可以明显地感受到当时欧洲人对其海上活动的自我满足及陶醉，一方面从物质行动上加紧对其他文明的掠夺并提升欧洲本土的资本积累和经济发展，另一方面从精神总结上对其行为加以美化和修饰以达到对他人的精神殖民。显然，欧洲人的文化输出是成功的，以至于到了今日，还有不少人仍然认为中华文化就是农耕文化，将黑格尔的以大陆文化（黄色文明）和海洋文化（蓝色文明）来区分东方和西方

---

①刘登翰：《中华文化与闽台社会——闽台文化关系论纲》，福建人民出版社，2002年版，第195页。

文化奉为标准，并依此来审视和定义中华文明。

但是，中国是一个地域广袤、陆海兼备的国度。中华文明是农耕文明、游牧文明和海洋文明三种文明的融合，必须从大陆与海洋两个向度来把握中华文化的生成，才符合历史的真实。

事实上，中华民族走向海洋的历史不比欧洲晚，而且大规模利用海洋、形成独具特色的中华海洋文化比欧洲要早得多。

尽管黑格尔的海洋文化理论在解释人类文明起源和揭示不同文明性质上有着合理的内核，但其片面性和内在的悖论却常为学界所质疑。为了说明海洋对人类（无论是东方还是西方）文化发展的意义，许多学者倾向于从海洋与人类的关系，在本体论的意义上重新定义海洋文化。

海洋文化是人类在特定的时空范畴内，源于海洋而生成的文化。海洋文化的本质就是人与海洋的互动关系。按照马克思关于经济基础决定上层建筑的理论，人们利用海洋的经济方式，人与海洋建立的经济链条、生产方式，产生了人的海洋文化。不同时期、不同地域的人们利用海洋的不同方式构筑的不同经济链条，必然诞生不一样的海洋文化。中国的海洋文化、日本的海洋文化、英国的海洋文化，彼此都是不相同的。可以说人类有共同的海洋知识，但人类创造的海洋文化却是丰富多彩、千差万别的。

世界海洋文化发展历程可以分成三个时期：原始时代、农耕时代、工业时代。

原始时代诞生了对后世影响深远的海洋捕捞和盐业生产。考古学的发现证明，人类早在六七千年前就有了利用海洋生物维生的历史实践，产生了各种捕捞的工具，包括独木舟、木筏，开始原始的航海，并积累了人类对海洋最早的认识，包括海流、潮汐、风信等。其后，又有了海水晒盐的经济活动。盐是人类生存必不可少的物质。盐业专卖从农业社会早期就成为国家财政的重要来源。渔获与海盐的生产和利用延续到农业社会，直至今天。这两种经济方式催生了人类原始海洋文化。

当然这个结论也是要打问号的。

虽然有 1947 年挪威考古学家托尔·海尔达尔木筏横渡太平洋的伟大壮举以及诸多的考古发现，但是在原始社会诞生的独木舟、木筏，究竟如何影响后世的海洋文化？潮汐、季风、海流究竟是在什么时候被人们发现、了解、掌握的？……由于资料的贫乏，我们今天实际上对原始海洋文化还是缺乏深入的了解，还难以展开深入的讨论。

我们更缺乏对原始海洋文化的感恩。我们每天吃着海盐、海味，但很少有人会想到这是原始海洋文化留给我们的恩泽。人类原始海洋文化通过言传身教，延伸到了农业社会，甚至现代的工业社会。它是在人类早期利用海洋的经济基础上形成的海洋文化，既是世界上沿海地区最古老、最普遍的海洋文化，也是人类接触海洋的基本方式，贯穿了人类数千年的历史，并造福于子孙万代。

进入农业社会后，人类除了延续和创新以渔业和盐业为代表的原始海洋文化，还产生了三种新的海洋文化。

其一为在地中海诞生而后横行世界的"空手套白狼式"的掠夺型海洋文化。以西方为代表，通过强权和强大先进的武装掠夺或殖民他者获取物资，再进行以货易货的活动，从而实现自身的财富积累，并将这种血腥、残忍和不公正的海洋经济活动自诩为进取、先进的海洋文化。这种文化的拥有者崇尚丛林原则，不相信、也不理解世界上可以有双赢和多赢。

其二为资源型的海洋文化。以古代日本和当今如马尔代夫（自然风光）、中东等资源输出国为代表，通过海洋输出得天独厚的自然资源和原始产品获得经济社会发展，并因此形成独具特色的资源型海洋文化。

其三，以勤劳智慧创造制成品开展海上公平贸易的海洋文化。以中国为代表，通过百姓的智慧和勤劳的双手创造出农业社会大量优质的商品，诸如丝绸、瓷器、茶叶等等，并依靠繁华的港口、先进的船舶制造技术和远洋航海技术开展公平贸易。在这样的经济活动中产生了富于中国特色的海洋文化。这种文化崇尚的是诚信、公平、双赢、多赢，童叟无欺、薄利多销，有饭大家吃、有钱大家赚。其中尤以闽南的海洋历史文化为代表。这里所说的海洋历史文化，指农业社会的海洋历史文化。

在人类的农业社会，尤其是从唐末到清中叶，中国以农产品和手工制品为支撑的海洋文化彪炳于世，其农产品和手工制品是世界海洋经济最主要的商品。中国的港口、造船、航海技术和贸易额都占据世界最前列。

上述四种原始社会、农业社会的海洋文化依然呈现于当今的世界。中国的海洋文化在进入工业时代以后，经历了被侵略、被蹂躏的过程和学习、追赶的过程。在2010年，中国终于超过了美国，成为当今世界最大的工业制成品制造国。2015年中国的工业制成品的产值相当于美国与日本的总和，2018年相当于美国、日本、德国的总和。2014年中国的商品贸易额超过4万亿美元，成为世界最大的商品贸易国。当今世界10个最大的港口，有7个属于中国。不过，工业时代的海洋文化更加复杂，不在本丛书研究课题的范畴之内。

农业时代这三大类海洋历史文化，还可以有更加细致的分类方法，例如闽南的海洋历史文化和广东的海洋历史文化，它们当然也有差别，但那只是在习俗、服饰、船形等比较小的方面的特色差异。在依靠勤劳智慧创造制成品来开展公平的海洋贸易方面，它们是一致的。

二、 闽南海洋历史文化的主要特征

早在原始社会，位于福建沿海的闽越人已经以海为生，创造了闽南原始海洋文化，最典型的就是金门的富国墩遗址。

之后中原人南迁，逐渐与闽越人发生融合，大约在唐末五代至北宋初年的100多年间，诞生了具有中国特色的闽南海洋历史文化。延续近千年的闽南海洋历史文化最大的特色，就是以海上贸易为引领，融合了闽南原始海洋文化和中原的农耕文化。

闽南海洋历史文化之所以能够以勤劳智慧创造出农产品和手工业商品来开展公平的海上贸易，最根本是在于其有着源自中原的深厚的农耕文化的基础，并且创造性地依托海洋开拓商品市场来引领农耕产品的商品化和市场化。

我国中原传统农耕文化的最大特点是自给自足。其生产的产品，主要用于自己消费，而不是用于市场交易。而闽南的农耕文化在海洋、海商的引领下，具有强烈的商品化特点。比如清代的同安农田主要不是用来种植自己吃的水稻，而大多是用来种植卖给糖商的甘蔗。因为一亩地种甘蔗所得，是种水稻的数倍。

历史上同安的每一个村庄至少都会有一个榨蔗制糖的糖廊，收购农民的甘蔗制成蔗糖，然后用同安人创造的"同安梭船"载往东南亚，换取那里的暹罗米、仰光米、安南米。据说最成功的商人一斤糖可以在那里换到十多斤大米。清朝有不少文献记载了皇帝特许南洋的大米可以免税或减税进口到厦门。仔细查阅，发现那些申请免税的进口商，都是华人的名字，其中很多是同安海商。

在厦门海商的引领下，同安平洋地种甘蔗，制糖出口；山坡地种龙眼树，制龙眼干出口；山地种茶树，制茶叶出口。海洋文化引领着农耕文化，引领农产品走向商品化、市场化，创造出更加丰厚的财富。

所以，闽南海洋历史文化中的农耕文化与中原传统的农耕文化是不一样的。它以海商所开拓的海洋贸易市场为引领，以农民辛勤劳动所制造的规模化的商品（不是自给的产品）参与海洋的商业活动，是整个闽南海洋经济链条中一个不可或缺的环节，已经完全融入闽南海洋历史文化之中。这是闽南人、闽南文化在明清时期，特别是清前期一个伟大的创新和开拓，也传承和巩固了闽南海洋历史文化最主要的特色。

因此，在今日重新审视中国海洋文化时，闽南海洋历史文化的发展轨迹和独具的特色便是辨识中国海洋文化的最好依据。

长期以来，闽南人对自己"根在河洛"深信不疑，甚至常常以"唐人"自居，对自己所处的区域统称为"唐山"。这种对中原乃至"唐朝"根深蒂固的偏好，不仅与闽南先人南迁前最深刻的记忆及其形成之初的历史密切相关，更是一种自身文化在迁徙、融合和变迁之后，对祖先文化、中央文化的一种认同。这是汉文化、中华文化一个非常重要的特质。正是这一特质，使得在广袤的中国土地上，东西南北不同区域、不同省份，甚至连方言都相互听不明白的亿万汉人，认同一种汉文化，凝聚成一个民族。进而使56个语言、服饰、习俗都不尽相同的民族融汇成了一个中华民族。

这一方面得益于各民族都参与了大一统中央文化（雅文化）的构建，他们把自己各自不同特色的区域文化、民族文化都融进了大一统文化之中；另一方面源于东西南北中的各族人民对自己区域文化作为汉文化、中华文化的解读有着极大的宽容和认可，甚至是鼓励。

由于历史的局限，过去我们曾经认同中华文化单一起源说，认为四面八方的区域文化都是吮吸着中原母文化的乳汁成长的。但是，现代考古的发现证明，中华文化的起源是多元的。母亲的乳汁，是四面八方的孩子们奉献的三牲五谷、山珍海味共同酿造而成的。中华文化历经多元多次重组，你中有我，我中有你，甚至还有他。我们需要在这样的理解上重新认识中华文化与闽南文化的关系。

三、 闽南海洋历史文化的孕育、 形成与发展

考古的发现告诉我们，早在中原汉人南迁到达闽南之前，这里已经生活着世世代代以海为田、以舟为马的古百越人。海洋已经成为他们生活的一部分，他们不仅已经拥有成熟的渔业型原始海洋文化，而且已拥有相当高超的航海技术和造船技术。

从西晋永嘉之乱始，饱受战乱的中原人一路辗转南迁，陆陆续续在晋江、九龙江、漳江等闽南母亲河流域定居，并开始与当地闽南古百越的原始海洋文化相融合。融合之后的闽南人开始适应闽南的地理环境，从而有了深入发展的创造性。这种循序渐进的本土化发展历程，既深化了闽南人的海洋性格，又创造产生了融农耕与海洋为一体的闽南海洋历史文化，并使之成为闽南文化最基本的底色和最耀眼的亮点。

闽南海洋历史文化和闽南文化的孕育，或许有时间上的先后，但闽南文化的形成必然是在闽南海洋历史文化形成之时，方才奠下了历史的里程碑。

闽南海洋历史文化的形成发展大致可分为六个时期。

1. 孕育期

从西晋永嘉到唐末，中原南来的汉族和闽南古百越的山畲水疍开始了融合的进程。这两种文化的相遇必然有激烈的碰撞、痛苦的磨合与相互的包容。唐初，陈政、陈元光父子以雷霆手段直捣畲族的中心火田，古稀之年

的魏妈以化怨为和的精神推动了汉畲的融合。但30多年后陈元光的死，警醒了唐军。陈元光的子孙从云霄退漳浦，从漳浦迁龙溪，未尝不是在利害得失的权衡之后对畲族的退让。

在晋江流域，汉族与疍民也形成了各自生存的边界，和平相处。泉州士绅赋诗欣赏疍家的海味，当是对疍家生活世界的包容。

到唐代中叶，闽南呈现出山地畲、海边疍，汉人在最肥沃的河流冲积平原的格局，呈现出彼此边界明晰的"和为贵"的包容。包容并不是融合，但在和平的包容中彼此相互认识、了解，进而欣赏，"两情相悦"，这正是融合的开始。

最后"进入洞房"，诞生新的生命、新的文化，必须有一个锣鼓喧天、鞭炮齐鸣的日子。这个日子在唐末藩镇割据、军阀混战和黄巢血洗福建的历史背景下，终于来到了。

2. 形成期

后世尊王审知为开闽王，千年祭祀，这一历史的价值、意义，值得我们今天重新来品味、体会。

唐末安徽军阀王绪率领五千兵马、数万河南固始百姓千里辗转来到同安北辰山。因为饥饿，王绪下令杀死固始的老人而被王潮、王审邽、王审知三兄弟夺权。又因为饥饿，三兄弟夺取泉州，第一次品尝到了闽南的海鲜海味。在经历黄巢起义军的洗劫之后，仅靠泉州的存粮，没有闽南疍家的海鲜，是不可能满足这几万中原兵民的饥肠的。而他们也在品味到海鲜的美味，体会到海鲜蛋白给予他们的力量和智慧的同时，开始产生了对海洋的情感和热爱，以及对疍家所拥有的闽南原始海洋文化的欣赏、羡慕与追求。这是之前几次大规模迁移来的中原移民所没有体会到和产生的情感。

这是饥饿产生的情感。饥饿使这些中原南来的汉人，放下了面对土著居民的高傲和不屑，学会了平等地对待带给自己美味和温饱的疍家。这种"美人之美"推动了双方的"美美与共"，那个"进入洞房"的日子终于来到了。

这数万河南固始百姓心满意足地在闽南安家落户，开始关注闽南原始的海洋文化，并在从唐末到宋初的百年间，把自己从中原带来的农耕文化，包括手工业技艺、造船技术、冶炼金属技艺等等，融入了闽南原始的海洋文化，创造形成了农耕时代的闽南海洋历史文化，也形成了闽南文化最重要的特色。

3. 飞速发展期

两宋时期由于政权对海洋交通贸易的关注，以及各种历史的因缘际会，使闽南的泉州港得到了飞速的发展，成为世界屈指可数的大港口之一。闽南烧制的以青白瓷为主的各种瓷器，成为对外贸易的主要商品。闽南的福船应用了龙骨、水密隔舱等先进的造船工艺，成为当时世界先进的远洋船舶。闽南的航海人运用了水罗盘等各种先进的航海技术，形成队伍庞大、技术先进的远洋船队。在如此彪炳于世的海洋经济基础之上，闽南人创造了闽南海洋历史文化，这也是闽南文化最为辉煌灿烂的一页。

4. 畸形发展期

元代不足百年，却是闽南文化的灾难期，也是闽南海洋历史文化畸形发展的时期。在这一时期，元朝统治者以残酷的民族压迫和剥削阻挡闽南底层百姓赖以为生的农产品和手工业品的商品化生产，扼杀了其辉煌的文化创造力，摧毁了支撑闽南海洋历史文化的闽南农耕文化。

南宋淳祐年间（1241—1252），泉州共有 255,758 户，计 132.99 万人。仅仅二三十年后的元至元八年（1271），泉州户口锐减至 158,800 户，81 万人。到元朝末期的至正年间（1341—1368），泉州路辖境未曾增减，但户口已减为 89,060 户，45.55 万人；到明洪武十四年（1381），户口继续减至 62,471 户，35.11 万人[①]。泉州的人口从宋末的 133 万减少到明初的 35 万。这一时期刺桐港给闽南人、闽南文化带来的灾难之深重，可想而知。

支撑元代刺桐港进一步发展壮大的原因之一，是因元朝疆域广袤的领土成为刺桐港的腹地。刺桐港是元代中国最大的港口，它的腹地延伸到了全中国，出口的商品来源于全中国，特别是南方各地最优秀精美的农产品和手工业品，其中最著名的就是元青花瓷，它出产于景德镇而不是闽南。在这样广阔的腹地支撑下，刺桐港成了世界最大的贸易港口。但这个港口最富有的是色目人，最有权势的是蒙古贵族。元朝统治者剥夺了闽南百姓走

---

① 泉州市地方志编纂委员会：《泉州市志》，中国社会科学出版社，2000 年版。

向海洋的主导权。八娼、九儒、十丐，闽南的精英知识分子比乞丐好一些，比娼妓还不如。闽南文化在社会的最底层挣扎呻吟。

一面是海洋历史文化的高度发达，一面是闽南百姓的贫富分化不断加剧。这种畸形的发展状态，深刻影响了其后闽南海洋历史文化的曲折走向。

5. 曲折发展期

元朝的残酷压迫引发了元末闽南百姓的起义，也摧毁和赶走了元朝最富有、最庞大的泉州刺桐港色目人海商集团。紧接着闭关自守的明朝统治者，又实行了民间"片板不许下海"，只准官方朝贡贸易的政策。世界最大的港口泉州刺桐港的地位从此一落千丈。

但是闽南人的心永远向着大海，他们几乎是全民开展走私贸易，甚至集结成海上武装走私贸易集团来抵抗明廷统治者的海禁。闽南的海洋历史文化就从两宋时期的官商一体共同推动海洋交通贸易转变为官海禁、民走私，官民对立的海洋贸易。在这样的生产生活环境中产生了闽南人民不畏强暴、刚强不屈、犯险冒难、灯勇引狠的性格。

这一时期又正是西方大航海时代的初期，葡萄牙、西班牙帆船叩关中国。闽南人在艰难的环境下主动对接并发展新的海外市场，生产了克拉克瓷、漳绸漳缎、天鹅绒等商品，震惊了西方市场，赚取了大量的白银。这一经血与火洗礼的艰难曲折发展，凝结了无数闽南人的生命和苦难。

两百年的博弈，终于使明朝统治者明白：禁则海商变海匪，放则海匪变海商。于是有了隆庆开海，官民再合作，创造了闽南海洋历史文化中的月港辉煌。

林仁川教授认为，月港是"大航海时代国际海上贸易的新型商港，美洲大航船贸易的重要起始港，大规模华商华侨闯荡世界的出发港，中国封建海关的诞生港"，对中国、世界社会经济都产生了重大影响。

月港繁荣的末期，被誉为"经济全球化东亚第一人"的郑芝龙打败了西方海上霸主荷兰人，控制了东亚海上贸易。他把闽南海上交通贸易的中心从月港迁移到了安平港，时间虽很短，但延续了月港的辉煌。

他的儿子郑成功面对清军和荷兰人的夹击，把根据地转移到了厦门，设立了思明州，开创了军港、商港、渔港三合一的厦门港。他又创立陆海相联的山海五路商业网络，把厦门港的腹地延伸到了全国，几乎掌控了当时全国的海上交通贸易。而后他又驱赶荷兰人，收复台湾，为闽南海洋历史文化写下了光辉灿烂的一笔。

为了扼杀郑氏集团的经济来源，清王朝残酷地实行了"迁界"和弃岛政策：沿海各省三十里地不准居住耕作，限时搬迁；沿海岛屿全部清空。迁界从1661年开始，至1684年二十多年的时间，从根本上断绝了闽南人与海洋的联系，使原本陆海相系的海洋经济链条完全断裂，以致有不少地方的经济长时间难以恢复。

当然，与明代官民逾两百年的残酷博弈相比，这也只是闽南人走向海洋的一个短暂的曲折过程。康熙二十二年（1683）施琅收复台湾后，清王朝将台湾纳入版图，台湾成为福建省台湾府，开放福建人渡海开垦台湾。闽南人近水楼台先得月，"唐山过台湾"成为闽南海洋历史文化重要的一环。清廷还取消了迁界，开放了海禁，并在厦门岛设立"闽海关"。虽然其后时放时禁，但经不住闽南人向海之心的汹涌澎湃，从康熙到道光的150多年间，闽南人围绕着厦门港重新构建起海洋与农耕相融合的闽南海洋历史文化，并形成了闽台两地一体的海峡经济区。

风靡一时的同安梭船源源不断地将闽南的糖、瓷器载往东南亚，并载回暹罗米、仰光米、安南米。朝廷还多次下谕予以减税进口。虽然乾隆将西洋贸易归于广州一口，但广州十三行的四大行首，仍有同安白礁潘、漳州诏安叶、晋江安海伍三家来自闽南。

可是，农业文明的丧钟已经敲响，而闭关锁国、妄自尊大的清廷竟充耳不闻，直到鸦片战争列强炮舰的大炮轰响。

6. 衰亡期

建基于农业文明的闽南海洋历史文化，面对西方工业文明的咄咄逼人，虽然也曾抗争，也曾效仿，却依然一步步落败，走向衰亡。这一时期虽然商品的出口越来越少，但聪明的闽南人走出国门的却越来越多。他们呼朋唤友、成群结队走向世界。落番下南洋、侨汇支持家乡，实业救国、教育救国，回国革命、回国抗日、回国建设新中国，成为这一时期闽南海洋历史文化耀眼的光彩。

闽南海洋历史文化的衰退，从鸦片战争前开始，一直延续到改革开放初期。其时闽南的出口商品，几乎只有针对东南亚华侨的茶叶、瓷器、珠绣拖鞋、佛雕等手工艺品和有限的闽南水果。

闽南海洋历史文化的衰退与闽南工业化的学习和建设，几乎是同时开始的。到改革开放初期，闽南已经奠下了一定的工业基础。改革开放 40 余年，跟随着祖国发展的步伐，闽南人民开创了自己建基于工业文明的当代闽南海洋文化。在这其中台港澳的闽南人以及海外的闽南华人华侨作出了许许多多的贡献。

不过，关于工业时代的闽南海洋文化已经是另外一个研究课题。

四、 闽南海洋历史文化的内涵

海洋文化是人类在特定的时空范畴内，与海洋互动而生成的所有物质与非物质的文化，包括相关的经济、军事、科技、文化交流等活动，因海而生的各种生活方式，以及行为、习惯、制度、语言、艺术、思维方式和价值取向。

闽南的海洋历史文化大致包含以下几种。

1. 闽南渔业文化

闽南的渔业分为内海、外海和远洋的捕捞，还有滩涂和近海的养殖以及相关的加工业。由此产生各种生活习俗、口传文学、民间信俗等渔文化。出海的渔民被称为"讨海人"。沿海半农半渔的村落耕耘滩涂和近海，被称为"讨小海"。

2. 闽南盐业文化

闽南沿海半农半渔的村落，有的占有地利，很早就在自己的海湾滩头开辟出盐埕，并形成了一整套海水晒盐的生产技术、相关的工艺流程和生产工具。古时候，闽南绝大多数的盐业生产都有官方的介入，实行了盐业专卖的制度，但食盐的生产和走私，却也是绵延不绝。在这样的经济生产、交流、制度之上，产生了独具特色的闽南海盐文化。从事这一行业的人被称为"做盐的"、盐埕工。

3. 闽南船舶文化

福船是我国历史上远洋船舶最杰出的代表。福船的创造和生产，起于五代至两宋时期的闽南。其后历朝历代的闽南人不断地对福船进行创新、改造，直至清初创制了同安梭船，呈现了闽南造船技艺独树一帜、领先世界的风貌。从事这一行业的人被称为造船人。他们不但创造、传承、发展了造船的技艺，而且创造传承了相关的民俗习惯、口传文学、民间制度、民间信俗，极大地丰富了闽南海洋历史文化。这一文化在现今造王船的技艺和习俗中被较好地传承和留存，但也面临着后继无人的境况。

4. 闽南航海文化

这一文化包括观测天象、海象的智慧，制作牵星图、针路图、水罗盘的技艺，染制海上服装、风帆的技术，海上养猪、补水等创造供给的智慧，尤其是与风浪搏击的技艺和智慧等等。闽南人称航海人为"行船人"。他们拥有默契的团队精神，创造了独具特色的民俗习惯、专有名词和民间信俗。他们同舟共济、不畏强暴的精神深刻地影响了闽南文化的价值取向。

5. 闽南路头文化

闽南人把码头称作"路头"。"路头工""路头王"

"路头好汉"，还有过驳舢板的船工，以及雇请船工、路头工的货主等构成了闽南港口文化的主体，演出了闽南路头一幕幕人生剧。

6. 闽南海商文化

郊商郊行虽然是清以后才出现在文献典籍上，但闽南从五代开始的海上交通贸易就是在城郊外设立"云栈"。郊商郊行和侨商，是闽南海商最主要的群体，产生了一整套贸易制度和贸易体制，深刻地影响了清朝时期闽台两地海峡经济区的形成以及中国与东南亚的经济文化交流，推动了台湾文化和南洋华人华侨文化的形成。

当然，明海禁两百多年所催生的闽南海上武装贸易集团，也有自己的贸易体制和贸易制度，也催生了独具特色的海商文化，并深刻地影响了后世的海洋文化发展。

7. 台湾文化

台湾文化是中华文化的又一个区域文化，由多种文化融合而成，但它的主体无疑是闽南文化。台湾75%的人祖籍闽南，90%以上的人讲闽南话，大多数人信奉和参与闽南民间信俗活动，所有这些都源起于"开台第一人"颜思齐开始的"唐山过台湾"。闽南人的分香、分炉、分庙和其后的进香、谒祖、续谱，让闽南文化深深地扎根于台湾，并在那儿吸收融合其他的种种文化，不断地有新的创造和发展，回馈闽南原乡故土。

8. 华侨华人文化

闽南人下南洋历史极其悠久，不过最大量的迁徙南洋是在鸦片战争以后。闽南的华人华侨分为两支，一支落叶归根，以陈嘉庚这样的归国华侨为代表；一支落地生根，以峇峇娘惹为代表。当然还有所谓的"新侨"，他们大都已经在居住国落地生根、开花结果。他们各自都创造和形成了具有鲜明特色的华侨文化，成为闽南海洋文化重要的组成部分。

9. 海防文化

闽南人鲜有凭自己的武装去霸占他人领土、掠夺他人财产的历史，有的只是因别人来侵略来掠夺而奋起的反抗和防卫。大航海时代，荷兰人来犯，被郑芝龙、郑成功父子打得落败而归。鸦片战争以后，闽南人与英国人、法国人、日本人都交过手，挨打的情况多，但依然不屈不挠，英雄辈出，书写了闽南海洋文化壮丽的一页。

10. 海盗文化

有海就有盗。闽南海盗的历史也非常久远，早在唐代、五代的时候，商船出航都要结伴而行以避海盗。推动闽南海盗横行的，是明朝的海禁，大多数的海商不得不成为海盗，结成海上贸易武装集团。明朝的"倭寇"，实际上很多是闽南人为了获取贸易的货源伪装的强盗行为。后来开海，朝廷又采取以盗治盗的策略，贻害无穷。闽南的海盗时起时伏、绵延不断，直到1949年新中国成立才算结束了闽南海盗的历史。

不过闽南的海盗对台湾的开发，对南洋的早期开发，却也是有贡献的。他们也形成了自己一整套独特的习俗和行为规范。无论是正面还是负面的历史经验，都值得我们研究。

11. 水客蛇头

这是一个非常独特的群体，历史非常悠久。他们往来于闽南和台湾、闽南和南洋，为人们传递信息，传送物品、金钱，最后形成了侨批行业。但这只是他们业务的一小部分。他们还走私物品，协助偷渡，贩卖人口。他们也形成了自己一整套的规矩，甚至行话。除了后来的侨批引起关注，水客、蛇头的文化却很少被人们所关注。

当然，研究闽南海洋历史文化，除了上述从人员、行业分类来展开研究，也可以按照西方分科治学的办法，把闽南海洋历史文化切割成民俗、宗教、技艺、艺术、口传文学、海洋科技等等。从历史学角度还可以分为航海史、贸易史、渔业史、海防史、海难史等等。

还有另外一种研究办法。即六个问题的研究法：

在哪里？——闽南海洋文化的区域范围。

哪里来？——闽南海洋文化的历史。

有什么？——闽南海洋文化的内涵。

是什么？——闽南海洋文化的核心精神。

怎么样？——闽南海洋文化的现状。

哪里去？——闽南海洋文化的未来走向。

这是将闽南海洋文化视为一个整体，一个生命体，来展开全面的、长时段的、动态性的系统研究。

这几种不同的分类和研究方法，并无高下之分，只是观察事物的角度和方法的不同。

鉴于我们的队伍、经费和我们所据有的资料的局限，我们选择第一和第二种方法的结合，从五个专题切入，编写六本小册子：《走向海洋——从刺桐港到月港》（作者蔡少谦、黄锡源），《思明与海》（作者陈耕），《讨海人——玉沙坡涛声》（作者陈复授），《东南屏障——从中左所到英雄城市》（作者韩栽茂），《飞越海峡的歌》（作者符坤龙），《闽南人下南洋》（作者蔡亚约）。

今后若有可能，则还想继续组织研究闽南海商、闽南行船人、闽南造船人、闽南路头工、闽南海盗等方面的课题。

当然就我个人而言，更期待能够有机会、有支持，来展开对闽南海洋文化整体的系统的研究。

中国的海洋文化已经有许多先哲和同仁开展了出色的研究，我们是后来者。由于视野和资料的局限，仅仅关注于闽南、厦门海洋历史文化的探索。期待方家和读者的指教。

以上的主要观点，我在 2019 年 12 月 14 日厦门市文化和旅游局主办的"人与海洋"学术研讨会发表过，做了些修改，权作本丛书的序。

陈耕

（厦门市闽南文化研究会原会长）

2019 年 12 月 16 日

目 录

前　言

闽南与海洋的关系源远流长。从石器时代开始，闽南海边江滨就有依海为生、依江为生的古百越族群。

台湾大学林朝棨教授于 1968 年在金门东北部新湖镇溪湖村西北，发现了富国墩贝冢遗址。遗址中发现了二十几种贝类，贝冢中采到许多黑色和红色的陶器破片，有素面的，也有带纹的；纹样形式以贝印纹和指甲纹为主，利用种种蚌类的壳缘印出波浪纹、点线纹、直线纹等，另有用指甲印出弧纹裂，此外亦有横线、斜线和横列短直线的刻印文。陶片之外只采到凹石一件、石把手一件①。富国墩遗址距今有三四千年，证明闽南原始时期就生活着依靠海洋贝类生活的人群。

漳州的华安仙都有著名的"土楼之王"二宜楼。在快到二宜楼的路上，有一条岔路，约十来里就到了仙字潭。这是一条小溪，溪边的悬崖峭壁上刻画着谁也不认识的文字。究竟是文字还是图案，学界至今仍争执不下，老百姓就称之为仙人所写的文字，此地也就叫作"仙字潭"。有一种推测认为这就是闽南生活在水边先民留下的

①林朝棨：《金门富国墩贝冢遗址》，台湾《考古人类学刊》，1973年，第33－34期。

文字记录。

当人们开始使用象形的文字，说明这个社会的经济文化水平，已经发展到了一个新的高度。

唐代这些依海为生的古百越族群被称为"疍民"。

蔡襄《宿海边寺》诗曰："潮头欲上风先至，海面初明日近来。怪得寺南多语笑，蜑船争送早鱼回。"蜑船，即指疍家的船。

宋《太平寰宇记·泉州风俗》载，泉州有一种水上居民，"其居止常在舟上，兼结庐海畔，随时移徙，不常其所"。这种人称之为"白水郎"。

实际上，疍民不仅泉州有，漳州的九龙江更多。漳州的龙海至今还有一地方名曰"白水营"，为"白水郎"疍民的大本营。

疍民是一家一户一条夫妻船，早年陆上的人欺负他们，不准他们上岸建屋定居，一直到民国时期才允许疍家上岸。从唐五代的文献看，早年南来的汉人与山地的畲族因有土地之争，矛盾不断。而与疍家，山海有别，因海域辽阔，彼此相处得还不错。但是，基本上是处于"你走你的阳关道，我走我的独木桥，你做你的农夫，我做我的渔民"的状态，彼此并没有太多的了解，更谈不上融合了。

直到唐末，先是藩镇割据，军阀混战，百姓流离失所，民不聊生；接着是黄巢起义军转战唐朝近半壁江山，饿殍遍野，祸及九州。然则祸福相依，一支中原军阀裹挟的河南固始难民的队伍，一路势如破竹直达闽南，却给闽南带来新生的福音，开辟了中原农耕文化与闽南原始海洋文化的融合创造。

陈耕

2020 年 1 月

第一章 开闽 —— 走向海洋的里程碑

《山海经》云，"闽在海中，其西北有山，一曰闽中山在海中"。

或许，从中国人有记忆开始，福建便一直被认为是处于汪洋大海之中，即使有人曾经进入过闽地，或许也会被那无穷尽的山和水扰乱了方位，迷迷糊糊间，山被水包围着，水也被山包围着，山山水水皆在化外。

一直到秦汉以后，福建开始成为中原王朝开疆辟土的目标，只是，那高耸入云的武夷山脉，仍然是当时政权所及最大的障碍，即使历朝历代的军队曾经入闽并取得胜利，但都没办法使之成为世守之地。于是，在接下去的成百上千年间，福建竟然远离了战火，无意间成了中原人避乱的世外桃源。

从闽江，到木兰溪，到晋江，再到九龙江，乃至鹿溪，一批又一批的中原人千里而来，他们带来了中原先进的生产和生活方式，但这一切的变化，实在太过漫长且微弱，闽南直到南朝时期，仍然是人烟稀少的边陲之地。

唐总章二年（669），因北人南渡的持续影响，中原人与闽粤土著之间的矛盾已经到了不可调节的境地，于是"蛮獠啸乱"正式爆发。也因此，大唐王朝正式派出陈政、陈元光父子入闽平乱。

在各种历史资料中，闽南地区的土著民族被称为"南蛮"

1

"闽越""山越""蛮獠"等。隋唐时闽粤地区土著被称为"蛮獠",他们的后裔后来形成了苗族、瑶族、畲族等。在隋唐时期,南蛮族群虽然经历了不断分化、融合,但他们仍世居山林,过着狩猎、捕鱼和刀耕火种的原始生活。

第一次成规模的人口输入,让闽南得到历史上最大限度的"开发",尽管陈氏父子采取了"唐化里",即安抚政策,但当地族群与中原汉人从一开始就存在的对抗性却未能在短时间内被化解,至少在闽粤山区,山越人与中原汉人仍然是泾渭分明地各自生活。

或许是矛盾的不可化解,在陈元光奏请设置漳州郡后的100年里,漳州郡一直处于"逃离"的状态,郡治先是从漳江畔迁移至鹿溪,后又从鹿溪转徙至具有更深厚汉人基础的九龙江西溪之滨。该过程事实上也是中原人退避闽越人、远离闽越人的战略转移,中原汉人无法实现与山越人融合,一切在地化(即当地化)都是空谈。这也是从唐垂拱二年(686)漳州设立,到唐开元二十九年(741)龙溪县由泉州划属漳州,闽南两郡郡治频繁迁移,属县数度异动的根本原因。

泉州开闽三王祠

而真正让闽南成为一个具有独立个性和特色文化的民系，应该从山越人与中原人融合开始算起（此时闽地的山越人可简单分成山区的畲和海滨的疍），那便是三王入闽主动产生的汉疍融合，既形成了闽南人，也开启了闽南人与海洋结合的历史序幕。

第一节　脉起北辰山

唐朝末年，唐懿宗（833—873）执政后期的政局已经陷入一片混乱，各处藩镇割据四起、拥兵自重。时任翰林学士的刘允章在《直谏书》中将当时的社会局势描述为"国有九破，民有八苦"："终年聚兵，一破也；蛮夷炽兴，二破也；权豪奢僭，三破也；大将不朝，四破也；广造佛寺，五破也；赂贿公行，六破也；长吏残暴，七破也；赋役不等，八破也；食禄人多，输税人少，九破也"，"官吏苛刻，一苦也；私债征夺，二苦也；赋税繁多，三苦也；所由乞敛，四苦也；替逃人差科，五苦也；冤不得理，屈不得伸，六苦也；冻无衣，饥无食，七苦也；病不得医，死不得葬，八苦也"。

这种严峻的局面直到僖宗（862—888）即位时，也丝毫没有好转，很快，濮州（今河南濮阳东）人王仙芝、冤句（今山东曹县北）人黄巢领导的农民起义爆发了。"冲天香阵透长安，满城尽带黄金甲"，黄巢的起义，犹如燎原之火迅速蔓延，大唐盛世之后，更显生灵涂炭，唐广明二年（881），已然毫无应对策略的僖宗只能进入蜀地躲避。

同年七月十一日，僖宗改元中和，大赦天下，家在安徽寿春的屠户王绪和妹夫刘行全，隐约嗅到了出人头地的味道，立即召集了500余人，乘势攻占了寿州（今安徽寿县）。

正处于饥饿与无助状态的寿州、光州附近的百姓，在走投无路之下纷纷投向了王绪，一时间王绪已然拥有万人之师。一个月后，王绪攻取了光州固始，自称将军，并依附于蔡州（今汝南）节度使秦宗权。秦宗权因之任命王绪为光州刺史，负责筹办粮饷。

本是固始县县佐的王潮，眼看大唐即将日落西山，就在王绪攻占固始时，率领兄弟王审邦、王审知及家人一并投靠了王绪。王绪见王潮器宇轩昂、颇有气势，遂委以军正之职，主管粮秣。

光启元年（885）正月，秦宗权以讨伐黄巢为由，向光州刺史王绪急催租赋未果，盛怒之下，转而攻打王绪。王绪收到线报后，自知不敌，恐惧之间，便命刘行全为前锋，王潮为副前锋，召集光州和寿州兵马5000余人，随带光州固始子弟、家属一行，仓皇渡江南逃。这支中原农民军，一路南下，出浔阳郡（今九江），入南康郡（今赣州），过章水入闽，直取汀州（今长汀）。此时王绪仍自称刺史，一路南窜，所经之处满目疮痍、民不聊生，没有一处能够让王绪军队吃饱穿暖，无奈之下，他们只能继续漫无目的地前行，光启元年（885）八月，王绪军进入漳州。

此时的闽南仍是欠发达地区，在王绪进入福建之前，黄巢已经烧杀掳掠了一遍，面对这万人的队伍，漳州显然是无法承载的，而王绪军起事于饥饿，逃难于饥饿，他们又怎么会终于饥饿呢。

屠夫出身的王绪，在仁慈与狠心之间，走投无路之下选择了莽夫路线，就在漳泉交界处，他终于下令，"凡随军老人孩子，斩无赦！""无得以老弱自随，违者斩。"

本是自保的一道命令，却令无数随带家属的将士颇为震惊，而王潮三兄弟便是其中的代表，他们奉母随行，本是希望能够逃离故土的战火，寻找一处僻静桃源奉母安度晚年，怎奈天将绝其母子矣。王潮因之向王绪力谏，"人皆有母，不闻有无母之人"，请求王绪收回命令，再图他法，王绪怒而将斩杀王潮，众将求饶后才得以幸免。

在一而再再而三的来回拉锯中，王绪的猜忌竟加重了，当他听说"军队中会出现王者"的传言后，更是一发不可收拾。凡将领士卒中有胆略智谋超凡或者气质出众、身材魁梧者，王绪都会想办法找理由将其杀害，就连刘行全也差点被王绪下令斩杀。一时间，军营中人人自危，惶惶不可终日。而才艺过人的王氏三兄弟因救母曾与王绪撕破脸，更加提心吊胆，于是他们经过商议，决定夺权。

唐光启元年（885），当军队行走到南安县境内（今同安北辰山）时，王潮劝说前锋将刘行全道，"我们抛妻弃子，逃命流落外乡，好像一群盗贼，这难道是我们希望的吗？其实这都是王绪逼迫的结果。现在王绪猜忌苛刻，不仁不义，乱杀无罪之人，军营中有才干出众的人都快要被杀光了，你的容貌如同天神，骑射的技术在军中无与伦比，又是前锋将，我暗地里为你的安危担忧呀！"前锋将刘行全拉着王潮的手哭泣，不知所措，心有戚戚焉。

王潮就势和刘行全等众将密谋定计，在竹林里埋伏了几十名精壮兵士，待王绪来到，一举将其拿下。王潮因之推举刘行全为主帅，但刘行全并未接受，他认为是王潮的远见和魄力让他和大家都躲过了杀身之祸，经过众人推举，王潮成了这支军队新的主官。而被拘禁的王绪只能仰天长叹，"王潮这个人是我手中之物，而我却没能杀掉他，难道不是天意吗！"

此役，王氏兄弟是最大的受益者，既确立了"三王"在军队的绝对领导权，又开启了闽南，乃至福建全新的发展纪元。

夺权后的王潮，仍然要面对迫切的军队生存问题。如何让这支队伍和随军家属能在乱世中得以生存，甚至只是解决当下的吃饱问题，都是对王潮新的考验。最终，王潮决定，回归故土，并适时开进蜀地投靠唐朝廷，以便一洗匪寇之名。而当下，最重要的是寻找短暂供应的粮草，因此由大同转道北上，经过较为富庶的闽北走出福建，便是他们唯一可行的路线。

同安（南安道）北辰山王氏三兄弟竹林兵变地

王潮起军后，一改王绪时"所至剽掠"的匪气，饥饿及领导权的变更非但没有压垮这支队伍，反而在王潮的带领下走出了另一种姿态，以至于其一路所经之地井然有序，秋毫无犯。

正所谓柳暗花明又　村。

就在王绪、王潮入闽期间，泉州人也处于水深火热之中。泉州刺史廖彦若借乱世之机横征暴敛，残忍无道，当地百姓饱受其苦。当王潮军易主及北上的消息传入泉州后，泉州人原本寄予的些许期待好似石沉大海，一去不复返矣，而廖彦若则更加肆无忌惮地践踏着这片土地与百姓。泉州人张延鲁却偏偏不愿放弃这可能的机会，他和几位德高望重的本地人，决议将"宝"压在这群光州人身上，希望他们能像唐初陈元光一般，为泉州带来新生。

于是，张延鲁等人匆忙赶到沙县拦住了王潮军队，并向王潮敬献牛肉及美酒。泉州士绅们向王潮诉说了泉州地方的富饶和泉州刺史廖彦若的贪婪残暴，极力请求王潮回军解救泉州的百姓。

美酒佳肴，瞬间的满足，让这群光州人经历了一次天堂的旅行，于是想象中的泉州物产丰饶、生活富足怎么也拂不去了。面对士兵们期望的眼神，王潮亦觉得这是天赐良机，天时地利人和皆备，倘若此时引兵入泉，一来解决军队的困顿，二来获得根基发展，可谓百利无一害，于是王潮顺应了民心，立即率领人马回师围攻泉州。

泉州城坚兵强的状况超出了王潮的想象，这一仗打得可谓艰辛，即使在泉州百姓粮草的支持下，这次围城仍然艰难地持续了一年。直到唐僖宗光启二年（886）八月，泉州守兵才放弃了抵抗，束手就擒，而四处流浪的王潮军，也终于有了立锥之地[①]。倘若不是泉州百姓夜以继日的支持，以此疲乏之兵，以及随军的老弱病残，怎能轻易拿下在当时还算富饶坚固的泉州城。

千年之后，当我们回顾整个闽南的发展历程，同安北辰山所发生的"将帅易主"虽然在中国历史上只是一次不起眼的起义军领导权的变更，但是却对之后的闽南文化及福建历史产生了极其深远的影响。可以说，正是这次事件使得闽南人脱胎于福建而自成体系，并因此开启了中国海洋文化走向高潮的序幕。

这支以光、寿二州人为主的农民军，经过长期的逃亡和作战，在他们的生命经历里，已经没有比饥饿更可怕的对象了。从中原一路南下，不曾见过山珍野味，却只有难以下咽的树根、树皮和野草，甚至，他们所经之地，地势越发险峻，人烟越发稀少，文明越发低下，这种物质和精神的双重折磨，已经让他们身心俱疲。

所以当泉州人千里迢迢奉上山珍海味时，他们的内心是雀跃的，这种各取所需的"买卖"来得实在太是时候了，就好像做梦

---

①诸葛计、银玉珍：《闽国史事编年》，第14页。

一般，这大概是起义军从家乡走出来后，第一次体验到见到曙光的满足，而这之后，起义军和当地百姓就好比失散多年的好兄弟，信任、互助成了他们的所有。

从此，中原将士和随军家属便同泉州当地的畲家、疍户，以及早时南下的北人一起，成了泉州郡、漳州郡共同的主人。他们互帮互助，互相借鉴，彼此有了主动融合的默契；中原人因此学会了捕鱼、吃海货，军粮供应源源不断；疍户因此有了繁忙的海上活动，收支有度，分工有序；畲家则纷纷下山，化刀耕火种为精耕细作、蓄养牲禽、买卖经营；而北人则引进技术，发展水利、科技和教育。从此，泉州和漳州正式步入新的发展快车道，闽南人及以海洋为主导的闽南文化正式成形。

而同安北辰山，也成了闽南文化的根脉所在。

第二节　开门节度使

王氏兄弟在泉州扎根后，迅速整合漳泉两地的资源，很快地，闽南成为王氏及其军队最大的保障后方，而当地百姓也在王氏政权的鼓励和触动下，加速了融合的脚步。

北宋太平兴国年间成书的《太平寰宇记》载，"泉郎，即此州之夷户，亦曰游艇子，即卢循之余，晋末卢循寇暴为刘裕所灭，遗种逃叛散居山海……贞观十年，始输半课，其居止常在船上，结兼庐海畔，随时移徙不常"，这些在海上定居的"泉郎"本是游离在泉州之外的夷户，但王潮入泉后，充分发动他们在海上的能动性，积极发展海上事业，使得王潮军队的供给除了粮草外，也有海错，甚至在军队的交通运输方面，也引进和发展了海舶，这种毫无民族之分的宽容，便是王潮在历经数年落魄所积累的经验，"水能载舟亦能覆舟"大体如此。

清末晋江人蔡永兼在《西山杂记》中曾将七闽描述为分布在

福建的七支少数民族，如"泉郡之畲家，三山之蜑户……漳岩之龙门，漳郡之南太武"，沿海地区，蜑户本是广泛存在的，但宋以后泉州的蜑户却趋于少见，其主体便是上岸融入泉州人中了。正是蜑户的加入，使得这时候的闽南人开始关注海洋，也懂得利用海洋，从而开启轰轰烈烈的海洋经营活动，闽南人真正走向海洋的第一站，应该从此算起。

在进入泉州的这段时间，王潮对闽南也有了重新的认知，在这里，王氏三兄弟终于有了固定的居所，随之而来的上万将士及随军家属也得以各择风水宝地安家乐业。显然，王潮掌控之下的漳泉二地，已经让这群光州人找到值得托付一生的依靠。王潮顺应时局发展，确确实实铁了心安家于此，于是主动向福州的福建观察使陈岩称臣，并积极清理漳泉地区各立山头的独立势力，如平定了狼山的流寇薛蕴。

陈岩经过对王潮多方面的了解，对其执政能力颇为认可，不仅承认了王潮对泉州的实际控制，而且主动上表朝廷举荐王潮为泉州刺史，陈岩后来也同王潮结成亲家，王潮之女嫁予陈岩之子陈延晦为妻。自此王潮以泉州为根据地，安定离散流民，鼓励生产，创筑子城，减轻徭役，放宽赋税，兴办义学，开始了一系列的励精图治。经此惠政，王潮兄弟既收获了泉州人心，又为泉州日后的经济腾飞，奠定了坚实的基础。

大顺二年（891），福建观察使陈岩在病重之时，自觉时日不多，遂向朝廷推荐泉州刺史王潮以代，只可惜，陈岩还没来得及等到王潮的接任便病逝了，而福州驻军范晖却趁机夺权自立，并发兵抵抗王潮接管福州。

景福元年（892），王潮以堂弟王彦复为都统，三弟王审知任都监，正式发兵进军福州。泉州百姓闻知王潮举兵北上，纷纷奉上粮草以供军需，平湖洞以及沿海各地方畲家、蜑户也积极以兵、船相助。

北辰山王审知塑像

　　景福二年（893），王潮水陆大军拿下了福州，王潮随后移镇福州，自称福建留后。福州被攻克后，王潮声威大震，汀州刺史钟全慕、建州刺史徐归范奉上户丁田粮册籍，亲赴福州请归王潮节制。自此，加上王潮原有的漳泉二州，王潮实际上已经据有福建全境五州之地。同年，唐昭宗正式授予王潮福建观察使之职。

　　掌有福建大权的王潮，并没有因此骄奢跋扈，而是对内执法严正、不徇私情，处理政务深谋远虑、无微不至，减轻徭役、降低赋税、鼓励生产；对外则睦邻友好、贡赋频繁，并积极尝试和拓展对外海、陆贸易。福建在王潮团结各族百姓和睦相处的施政策略下，出现了有史以来最大的繁荣景象，福建从此进入治世。这算是兵荒马乱的唐末难得一见的奇迹，也因此，福建成了更多中原人避乱的桃源，福建的大船起航了。乾宁三年（896）九月，朝廷升福建为威武军，王潮升任威武军节度使、检校尚书左仆射。

　　乾宁四年（897）冬，王潮病重，一向颇具前瞻性的他，没有让自己的儿子继承大位，而是选择了最有才干的三弟王审知接手军政事务，继续成就福建的名与实。王潮死后，归葬于晋江县北郊盘龙山（今属福建惠安），这块土地，是王潮的发家之始，也是他得以羽翼丰满的宝地，更是他取之于民用之于民的实践所在，始于斯而终于斯，是王潮对泉州的爱恋也是感恩。

　　泉州百姓为了纪念王潮对泉州发展的贡献，在泉州南门崇阳楼建广武王祠，塑像崇祀，王审知也为王潮立庙祭祀，尊称其为"水西大王"。

　　王审知接任后，继续推崇王潮的施政方针，对内以保境安民为立国根本，对外以和平共处为基本原则。"宁为开门节度使，不作闭门天子"，不管是灭唐而起的梁朝，还是代梁而兴的后唐，王审知都坚持纳贡称臣，风雨不改，这种委曲求全的对外妥协保证了闽国在五代十国的纷争中屹立不倒，避免了各路角逐势力对福建的伤害，使福建得以持续安定和繁荣。后梁开平三年（909），王审知晋升为闽王。

　　既为一方势力，王审知不仅积极向中原各割据势力学习从政经验，而且根据福建实际创造性地制定有针对性的发展方案。在官员的管制上，为防止各州郡长官权力自肥、鱼肉百姓，除了完善法规条文外，还定期派遣巡查官到各州县巡视监察；在经济的促进上，亲自主持疏通河流，兴修水利，除了保证基本的粮食种植外，更积极引进和鼓励蚕桑、陶瓷、冶金等手工业，使农工商同步发展；在文化教育事业的发展上，开设书院培养本地人才，以优厚安抚条件招揽文人雅士入闽，并适时选贤用能，以图改善福建"化外蛮地"的窘境。其中最值得称道的是，王审知利用福建近海，海运四通八达的地理条件，开展对外贸易事业。

　　"闽疆税重，百货壅滞，审知尽去繁苛，招徕蛮夷商贾，纵

11

其交易。"① 港口及腹地方面，在闽江、晋江、九龙江等大江内河及近海修建集散码头，通过河运和近海海运扩大贸易腹地，完善交通运输网络；专门管理部门方面，沿袭前朝做法设置市舶部门，改"市舶使"为"市舶司"，并赋予其更大的管理职权，同时设置"榷货务"，授张睦三品官，领榷货务，用于管理贸易和征收商税，"睦抢攘之际，雍容下士，招来蛮裔商贾，敛不加暴而国用日以富饶"②；招商引资方面，扶持地方商贩进行商品采购和销售，鼓励官民两方与东南亚、琉球、高丽、日本等地区取得联系并往来贸易。

北辰山纪念王审知之广利庙

总之，在王潮打下天下后，王审知通过一系列的举措极大地促进了福建地方经济的发展，从而吸引了士农工商等行业人员避

①摘自"恩赐琅琊郡王德政碑"。
②吴任臣：《十国春秋》卷九十五，《闽六·列传·张睦》。

乱南下。他的可贵之处还在于并不偏袒任何一方群体，只要是贤能的，对科教文卫及经济有帮助的，一并重用，也因此极大地刺激了福建当地的潜力，使得当地生存、生产和生活条件在外来技术和文化的支持下发生天翻地覆的变化，也为福建在北宋以后雄冠全国打下坚实的基础。

第三节　招宝侍郎

王审知继承王潮的衣钵后，并未放弃对泉州始发地的经营，当他移镇福建行政中心福州时，仍任命二兄王审邽为泉州刺史。王审知为人谦逊，在王审邽治理泉州期间，几乎从未干预泉州的政务，如此胸襟，或许正是王氏三兄弟之间难以言表的默契。

王审邽（858—904）在长兄王潮在世时，已协助治理泉州七年，至唐乾宁元年（894），其任泉州刺史已逾12年。在此期间，他除了贯彻王潮、王审知既定政策外，也通过自己的观察和理解，采取适合泉州路线的措施，如鼓励流民落户，凡愿意到泉州定居者，则由政府借给牛、犁等农耕工具，以便其从事农业生产，并为他们修建房屋以供居住；又如兴办义学，供平民百姓业余学习，以加强文化教育建设。

尽管在唐代，欧阳詹、周匡物各自开启泉州、漳州的科举文化先河，但闽南地区整体上还是物质匮乏、文化薄弱的

欧阳詹故居

化外之地，为了提升闽南的文教水平和氛围，王审邦在吸引人才方面更是下了一番苦心。王审邦在王潮的基础上，先是通过加强泉州治安整顿和物资供应，以营造一个太平盛世的桃源环境；之后以优渥的物质条件和安定的社会环境，吸引和招揽中原文人志士入泉。

天复二年（902），王审邦于泉州西郊南安县唐安乡修文里建招贤院。当时，招贤院接纳了诸多寓居名臣，如唐右省常侍李洵、翰林承旨制诰兵部侍郎韩偓、中书舍人王涤、右补阙崔道融、大司农王标、吏部郎中夏侯淑、司勋员外郎王拯、刑部员外郎杨戬等，名士还有黄滔、徐寅、杨承休、翁承赞、归德懿、杨赞图、王倜等。

一时间，泉州人文荟萃、人才济济，因而被称为"海滨邹鲁"，而闽国也因文事之盛位列"十国之冠"。这些齐聚在泉州的中原士族和文人，带来了中原的优秀文化和先进的生产经验、技术，其中也可能包括对"福船"使用"水密隔舱"的技术改良。这些智慧人士不仅作为泉州理政的智囊团，也是闽国文化事业的启蒙者和中坚力量。自此，闽籍学子开始在科举中崭露头角，通过踏入仕途从政深入参与和影响中国历史的发展，从而侧面促进了闽南文化的形成与丰富。

王审邦的大儿子王延彬（886—930），对闽南历史来说是至关重要的人物，他出生于王氏三兄弟攻下泉州的那一年，可以说，王延彬是三王入闽土生的第一代。从他出生之日起，他便已经和中原失去了直接联系，已然是地道的闽南人，这种时空背景也使得王延彬能够站在新的位置和高度去开展新的业务，并作出完全不一样的决断。

王审邦主政泉州时，王延彬即协助其父处理政务，在 16 岁时就受父亲指派，协助黄滔在南安建招贤院。王审邦去世时，王延彬才 18 岁，叔父王审知即委命他继承其父遗志继续治理泉州，次年实授泉州刺史职。

王延彬在父辈们礼贤下士、勤政爱民的榜样作用下，继续秉承三王既定的政策，兴文重教、鼓励生产，同时也逐步完善泉州基础设施建设，《福建通志》载，唐天祐年间，王延彬曾多次修筑城墙。

在王延彬的推动下，泉州的发展范围逐渐扩大，由府城向县城，再向县域拓展。小溪场（安溪县）和莆田县开始大量种植桑麻，桑麻业的兴起同时也促进了布帛纺织业的成长，如锦、绢、纱、绸之类的匹帛，这些都成了泉州上贡与外销的一大优势产品。

农业经济的发展与壮大，赋税年年增加，财政充盈反推文化娱乐事业的发展。王延彬崇信佛教，执政期间新建寺院20余座，僧人数量大增，而文人和僧人的群体的存在，也推动了种茶业的兴起，如参禅论道、吟诗作对触发了饮茶的仪式化、普及化，而饮茶之风的兴盛又刺激了陶瓷茶具的需求，陶瓷业也因此升级，实现了由基本生活所需向改善生活的美学的追求演变。

北人南迁所带来的越窑系是闽南陶瓷的主要类型，因而青瓷产品为闽南陶瓷之最大宗，年代最早的如南朝晋江磁灶溪口窑，其产品以青瓷碗、盘、钵、瓮、罐、盘口壶、灯盏等为主；唐末五代以后，制瓷窑场迅速扩散，几乎遍布闽南山海各县。王延彬为促进瓷器外销，曾派其部属李文兴前往安海湾北岸建瓷窑，所制成品，即就近装船出海。在后来的考古发现中，九龙江流域的海沧祥露窑、许厝窑甚至已经出现数量众多的大窑场遗址，其规模为五代时期福建第一，可见五代时闽南陶瓷业的规模之大。

在众多举措中，最为重要的、对后世影响最深远的当属由陆地走向海洋的活动。随着泉州人口的逐步增加，泉州人多地少、平原不足耕的窘境日趋严重，为了解决百姓的吃饱问题，单纯的发展粮食产业已然无法满足所需，于是以物易物的商品贸易便成

晋江磁灶窑龙窑遗址

了泉州人的必选。拥有广阔的海洋，以及娴熟海洋驾驭力的疍民自然而然成为泉州突破瓶颈的关键，如何充分利用泉州疍民的海上力量开发各种海洋资源，如何利用海上运输力顺利招引外商前来贸易，如何制定和运用宽容的政策和开放的心态达到年年丰衣足食，社会安定繁荣，成了王延彬亟须面对的大问题。

唐末中原及河西走廊连续不断的战争，致使陆上丝绸之路受阻停滞乃至荒废，取而代之的是海上丝绸之路。中国沿海各割据势力也逐步意识到海上贸易的财源，纷纷组织力量向南扩展。或许是历史发展的必然，或许是闽国安定的偏安环境，或许是闽国执政者敏锐的眼光，闽国在该时期的陆海跨洲转移贸易中竟然拔得头筹，真可谓是"起了个略晚，赶了个早集"，而王延彬便是其中第一个在海上贸易中获取丰厚利润的集大成者。

王延彬从一开始便忠实地执行叔父王审知"招徕海中蛮夷商贾""尽去繁苛，纵其交易"的政策，努力将泉州打造成闽国对外贸易的桥头堡。为加强对海洋贸易的管理和保护，王延彬还在其衙门内设置了海路都指挥使和榷利苑使两个专任官吏，海路都指挥使主管航海过程的安全事宜，榷利苑使则负责贸易活动的具体运作。

王审知执政初期，因江淮一带被割据势力占据，闽国与后梁之间的联系大多依赖海路。王审知每年均会派出朝贡使团从福州甘棠港出发，在登、莱登陆，其间历经黄海风波，"往复颇有风水之患，漂没者十四五"，可见当时闽国的海舶制作工艺及航海技术尚有不足，连江浙近海的航行都无法安然驾驭。然而，经过王延彬前后26年的摸索和创新，这种局面有了质的改变，"息民下士，能继父志，前后在任二十六年，岁屡丰登，复多发蛮舶以资公用，惊涛狂飚，无有失坏，郡人借之为利，号'招宝侍郎'"①。

船队的安全出发与返航，极大地提高了贸易的利润率，该时期的贸易收获较之王潮、王审邽时期有了明显的飞跃，泉州已然是"异货禁物堆积如山"，"市井十洲人"的盛况，而贸易的开展，一来解决了大兴土木、营造佛寺等财政开支的问题，二来又能够引进浙广粮食以解决人口增长与粮食供应不足的矛盾，三来民众通过商品经济的经营获得更多收益，以反推文化事业的发展。

从王潮发兵攻打福州时疍民的"兵船相助"，到王审知从海路向北进贡船只多有倾覆，再到王延彬治理泉州时期的"每发蛮舶，无失坠者"②，这说明经过几十年的发展，闽南地区的造船技艺已经有很大的进步，航海知识和技术的掌握也相当成熟。让人不可思议的是，王延彬所派发的贸易船，居然能做到没有出现任何的航海事故，这种变化是惊人的，以此为标志，"福船"正式

---

①吴任臣：《十国春秋》卷九十四，《王延彬传》。
②道光《晋江县志》。

脱颖而出，而福建领先全国的海洋征途也正式拉开序幕。

王延彬时期航海奇迹的产生，可能与北人南迁时带来的中原漕运船制造与航行技术等有关，这些全新的知识和经验与泉州当地疍民的远航记忆、制造技艺相结合，取长补短，最终触发了中国最强远洋船舶——福船的极大改良。以至于用于航海贸易的船舶能够"无失坏"，这对宋元时期泉州大兴海运至关重要。

第四节　晋江王和刺桐城

留从效（906—962），泉州桃林（今永春县）人，幼年丧父，以孝顺母亲、尊敬兄长闻名乡里，少年时，在泉州当衙兵，后升为散指挥使。

后晋开运元年（944），朱文进与连重遇杀死王延羲，朱文进自立为闽王，并杀害王姓皇族成员 50 余人。为了尽快恢复闽国各州的掌控权，朱文进委任亲信黄绍颇为泉州刺史，准备接管泉州的政务。作为王氏旧臣的留从效立即召集裨校王忠顺、董思安和亲信苏光海等商议，一方面朱文进弑主有罪不应助纣为虐，另一方面王延政尚据有建州可能卷土重来，从局势上看，以泉州为基地抵抗朱文进对于留从效等人来说，最为合适。于是众人商定，集合壮士 52 名，乘夜越墙而入，擒杀黄绍颇，延请王延政之侄王继勋出面主持泉州军政事务。

朱文进听闻泉州接管失败后，立即从福州发兵攻打泉州，留从效早已做好了准备，他在半途中设计埋伏，成功击退了朱文进。随后，留从效与王忠顺、董思安等三人自称平贼统军使，派陈洪进将黄绍颇的首级送到建州，献给富沙王王延政。王延政大喜，听取陈洪进的汇报后，即以王继勋为侍中、泉州刺史赶赴泉州接任，同时授留从效、王忠顺、董思安为都指挥使。

后晋开运二年（945），南唐国主李璟遣将攻打建州，王延政投降，闽国王氏政权至此彻底宣告灭亡。李璟委任李宏义为威武军节度使，翌年，王继勋以平级身份致书修好于李宏义，李宏义以泉州一向隶属威武军节制，王继勋做法于理不合，遂派其弟李宏通带兵万人攻伐泉州。

留从效以王继勋赏罚不当、士卒不肯用命为由，废黜王继勋，自领军府事，称泉、漳二州留后。随后留从效集结漳泉兵力，亲自领兵击退了李宏通，并立即向南唐李璟称臣。李璟随即将王继勋召往金陵，正式任命留从效为泉州刺史，改漳州为南州，以董思安为南州刺史（董思安之父名章，与"漳"同音，为避讳，改漳州为南州）。

清源郡之清源山

后汉乾祐二年（949），因中原多变，南唐鞭长莫及，留从效为了保证自己一方割据的独立性，便授意时任南州副使的兄长留从愿以毒酒杀害董思安取而代之，至此，留从效便拥有了泉、南二州的实际控制权。李璟只好顺势升泉州为清源军，以留从效为清源军节度使、泉南等州观察使，后又累授同平章事兼侍中、中书令，封鄂国公、晋江王。

在一定程度上，闽南地区已经摆脱了南唐的实际控制，成为独立的王国，而闽南之所以能够自成体系并延续自始至终的海洋路线，与留从效的势力形成有着极其密切的联系，甚至可以这么认定，留从效的割据是闽南海洋历史文化发展过程中最重要的保护剂，使得还在襁褓中的闽南得以安然长大并焕发蓬勃生命力。

后周显德二年（955），周世宗柴荣发兵攻南唐，南唐大败，江北之地尽归后周所有。留从效采取了前朝王氏的策略，对外降低身份，多方称臣，确保各方势力相信自己无觊觎之心。留从效以帛写表，密藏在革带之中，派衙将蔡仲赟等扮作商人，取道湖北，向后周世宗表示归附诚意。显德六年（959），又派别驾黄禹锡间道奉表，带上了当时泉州地区通过海上贸易输入的犀牙通犀带、龙脑香等各种奇珍异宝向后周进贡，周世宗甚是喜悦，即赐诏书嘉奖留从效。留从效为表示最大的诚意，主动要求在京师建置官邸，但周世宗考虑到其一向依附南唐，担心双方有所暴露而未应允。

显德七年（960），赵匡胤发动"陈桥兵变"，周恭帝被迫禅位，赵匡胤称帝，改国号为"宋"。具有政治敏锐性的留从效立即上表向宋称臣，贡奉不绝于道，宋太祖也遣使厚赐留从效，并加慰勉。正是留从效灵活地周旋于中原各个政权之中，闽南二州才得以保持相对安宁。宋建隆三年（962），留从效因背疽发作，连月重病卧床，不幸逝世，南唐后主李煜诏赠太尉、灵州大都督。

留从效治理闽南 17 年（945—962），建树甚多，相对于闽东、闽北混乱的时局，闽南在政治环境和政策维持上，有明显的优势。留从效除了延续闽国休养生息、自力更生的老路子外，也根据大环境变化适时出台厚基础、促生产、拼经济的新政策。

城建方面，后晋开运三年（946），留从效在唐代泉州子城之外，扩建了罗城，城高一丈八尺，开辟城门七个，东门"仁风"，西门"义成"，南门"镇南"，北门"朝天"，东南"通淮"，西南"临漳"和"通津"，周围长达 20 里，为唐代子城周长的七倍[①]。此外，留从效还在城墙周围遍植刺桐，因此泉州也有"刺桐城"之称，"刺桐港"之名便源于此。

工农方面，留从效将闽国内外因乱而再次迁入闽南的流民集中安排至各场进行垦荒，并适时引导至新增工业中，如扩大铁矿的开采和冶炼，在泉州城西龙头山原有留从效时期开拓的冶炼遗址，废弃后人们在其上修建庵庙，俗称"铁炉庙"[②]。

文教方面，效仿中原开科取士之例，每年秋季举行考试，取明经、进士，予以任用，谓之"秋堂"。

海上贸易方面，随着陶瓷业、冶炼业、丝织业等手工业的蓬勃发展，泉州港口货物吞吐量年年增加，留从效因之"教民间开通衢，构云屋（货栈）"[③]，以"招徕海上蛮夷商贾"。当时从泉州运往阿拉伯、东非等地的货物有陶瓷、铜铁等制品，运回的有象牙、犀角、玳瑁、明珠、乳香、樟脑等物。为了让更多的人共同享有海上贸易带来的丰厚成果，留从效除了消减苛捐杂税外，还创造条件使百姓自由买卖商品，做到供需平衡，市场自我调控。

留从效，成长于泉州山区，起于行伍，以他有限的海洋阅历，竟然能在执掌闽南期间，以更加开放和宽容的心态不断进行

---

①乾隆《泉州府志》。
②黄昌盛：《永春留从效与泉州"海丝"》，《福建史志》，2005 年，第 2 期。
③《清源留氏族谱·鄂国公传》。

执政创新，实属难得。也是从此时开始，泉州为适应不断发展的海上贸易，开始了山海之间的密切合作，一种以港口为中心的海上、陆上经济链条已经形成。而留从效或许就是该经济链条形成过程最重要的催化剂，是他让泉州山海相融，就像王潮时代汉人和疍民的融合一般，泉州这艘大船，即将起航。

正是有留从效这样承上启下的关键人物，使得唐末王潮兄弟、王审邦父子苦心经营的成果得以在混乱的政局中完好延续，以至于泉州城商业繁荣，百姓和乐，"云屋万家，楼雉数里"，诚如吴任臣所言，"从效以区区牙校，削平贼党，奄有漳泉……虽曰人谋，亦运会然哉"。

第五节　"广利"的由来

陈洪进（913—985），泉州仙游人，是继留从效之后把握闽南军政大权的另一位重要人物。陈洪进自幼好读书，尤爱研究兵法，受募于留从效之后，在行伍中"以才勇闻"，曾随留从效攻打汀州，因捷足先登取得战功，被授以副兵马使。

朱文进自立为闽主后，留从效曾派陈洪进北上建州向王延政称臣，王延政遂授陈洪进为建州马步行军都校，留在建州听用。泉州转投王延政后，漳州、汀州也望风来归。面对实力大涨的王延政，朱文进方面也开始出现了内讧，不久朱文进被杀死，福建之乱因此告一段落，陈洪进即返回泉州跟随留从效。当留从效为清源节度使时，陈洪进已晋升为统军使，张汉思为副使。

宋建隆三年（962），留从效死后，陈洪进和张汉思作为权臣，辅佐年幼的留绍镃继位。副使张汉思虽掌有泉州的印信，但因年老力不从心，故而泉州的大小事务皆由陈洪进把持。不多日，陈洪进即诬称留绍镃意图归附吴越，将其扭送至南唐听候发落，为了避免"狼子野心"暴露，陈洪进自任节度副使，并推举张汉思为清源留后。张汉思担心专权的陈洪进下一步将对自己不利，遂与儿子们商议伺机刺杀掉陈洪进。张汉思在一次酒宴中，埋下伏兵，岂料酒过三巡，伏兵还未来不及动手，突然发生了一场地震，在场人员惶恐不安，以致暗杀暴露，陈洪进趁乱离开，幸免于难。

张汉思暗杀计划败露后，面对剑拔弩张的陈洪进势力，自知不敌，只好按兵不动自我保护。乾德元年（963）四月，张汉思在陈洪进的恩威逼迫下，终于交出印信，自此陈洪进据有泉州全境。南唐李煜因之正式任命陈洪进为清源军节度使、泉南等州观察使，闽南的政权在陈洪进的谋划下，再一次和平转移。

常年追随留从效的陈洪进，对留从效的内外政策有深刻的理解，此时赵匡胤部署兵力镇守西、北边境，防止契丹、北汉南掠，另率主力南下据有整个湖南，正陈兵向蜀，从趋势上看，宋军大有一统中国之势。为了取得新王朝的支持，陈洪进遣衙将魏仁济从间道北上，带着大批白金、乳香、茶、药等珍贵物品向赵匡胤称臣，乾德二年（964），赵匡胤承认了陈洪进作为留从效继位者的事实，把清源军改为平海军，授陈洪进为平海军节度使、泉南等州观察使、检校太傅，赐号为"推诚顺化功臣"，至宋乾德四年（966），南州始复名漳州。

开宝八年（975），宋军攻占江宁（南京），南唐后主李煜出降，南唐灭亡，陈洪进也随之在名义上归附宋朝。隔年，赵匡胤驾崩，宋太宗赵光义继位。太平兴国三年（978），南唐后主李煜中毒身亡，或基于形势所迫，或基于身家性命的考量，或基于对闽南命运的忧心，陈洪进立即入朝觐见宋太宗，上《纳地表》，"愿以所管漳泉两郡献于有司，使区区负海之邦，遂为内地，蚩蚩生齿之类，得见太平"①。

---

① 道光《晋江县志》卷七十五，《杂志上》。

宋太宗对陈洪进的识大体、顾大局颇为赞赏，遂改任陈洪进为武宁军节度使、同平章事，留京师奉朝请，并任用陈洪进长子陈文显为通州团练使，仍知泉州，次子陈文颢为滁州刺史，仍知漳州，陈文颢为房州刺史，陈文顼为登州刺史。自此，泉州、漳州两郡一十四县（含宋初新设的惠安、兴化两县）正式纳入宋朝版图。

陈洪进统治闽南时期，基本上延续了留从效的执政策略，保境、安民仍是主方向。为了让持续增长的人口能稳定保持，闽南一带的水利工程在陈洪进的推动下，有了更大的发展，如唐代的"天水淮"，陈洪进曾进行重修，故亦名为节度淮；晋江的陈埭，也是源自陈洪进之名。当时陈洪进派家丁配合当地百姓，沿江围海筑埭，修筑起一条长达三华里的海堤，围垦的良田方圆达几十里，后人为纪念陈洪进，将之命名为陈埭。到了太平兴国年间，泉州主客共计 76581 户，漳州 24007 户[1]，二者合计较唐元和时期的 36914 户增加了近三倍[2]。

雍熙二年（985），71 岁的陈洪进于开封逝世，宋太宗为此罢朝二日，并赠中书令，谥忠顺，追封南康郡王，晋江陈埭附近乡民建有"广利庙"祭祀之。

五代闽国是闽南文化形成的起点，也是福建发展并深化海外交往的重要转折点，它对整个闽南的社会经济、文化的全面进步有着不可或缺的作用。

王氏兄弟带领着中原地区的父老乡亲进入闽南，这是有史以来中原族群向闽南大规模、集中迁徙的第二次，因当时适逢军阀混战，中原百姓第一次放下中原人高高在上的姿态，真心实意地以"流亡者"或"外来者"的身份与当地百姓和平共处，他们互取所需互帮互助，在两种稍有区别的文化碰撞后，产生了不可逆

---

①乐史：《太平寰宇记》。
②李吉甫：《元和郡县志》。

转的化学变化，这种变化便是农耕文明走向海洋文明的质变，从而诞生了中国最具海洋性的民系——闽南人。

闽南人在颇具前瞻性的历任主事者，如王潮、王审邦、王延彬、留从效、陈洪进等人具有延续性的政策引导下，不断吸收中原与闽越的优秀文化，不断探索和改造各种农耕与海洋技艺和技术，不断创新和尝试各种新的生产、生活方式，终于走出了具有闽南特色的海洋文化之路。

就在闽南海洋文化萌生、壮大之时，偏居东南，在五代十国的缝隙中享有一片和平安定乐土——闽国，这里吸引了大量的移民，闽南得以不断完善经济发展动力和构建多元的文化社会，从而使在地化的闽南文化更具有中国传统文化的内涵，这也是为何闽南海洋文化具有深层次的中原农耕文化底蕴的原因。

我国古代海上丝绸之路的主要内容是海上贸易，其起步于唐五代而兴盛于宋、元。王延彬及其父辈入主泉州后实施精准的施政策略，在垦荒造田、鼓励农桑之外，更是积极开展海上贸易。除了有以舟当车、善于航海的专业技术队伍外，更有海舟以“福船为最”的造船技术和水罗盘等指南技术，从而使福建的海外交往能力迅速提升。

闽国灭亡后，王氏政权虽然不再，但却有晋江王留从效和节度使陈洪进继承其衣钵，他们割据漳泉，并非图谋自己的荣华富贵，而是继续维持和促进闽南地区的社会稳定和经济发展，特别是以发展海外贸易为其立国之本。在短短几十年内的独立发展下，漳泉两郡能够在经济和文化上走到一起，并在之后的上千年时间里保持一致的步伐继续前进，可以说，闽南能够独立于福建，应该归功于留、陈二人的割据统治和发展策略。

闽南在五代时期因海而富的程度，从陈洪进向宋廷早期的进贡过程便可窥见一斑。

建隆四年（963），陈洪进“遣使朝贡，是冬，又贡白金万两，乳香、茶、药万金。……及江南平，吴越王来朝，洪进不自安。遣其子文颢入贡乳香万斤，象牙三千斤，龙脑香五斤"[1]。宋太宗太平兴国二年（977），陈洪进父子又以"谢允朝观""贺登极""谢追封祖考及男以下加恩"等各种名目，进贡了大量南海舶货品，其中乳香、龙脑香、没药等香料就有四万八千多斤[2]。

其舶来品品类之多，数量之大，足见五代至北宋初泉州的海上贸易之盛。故而闽南地区能在福建威武军基础上另设清源军，因海洋活动的频繁化，又由清源军改为平海军，一路壮大，一路向海，便是朝廷对闽南因海而富、而雄的认可。而这一切，可谓来之不易，若非当时的统治者通过合理的、行之有效的管理方法，将海外贸易置于官府的控制之下，每一次海上贸易的进步则很难能促进泉州的成就。

基于五代时官民协作的成效，闽南百姓深受福荫，当后来的人们希望社会安定和财富丰足时，便会联想到五代时历任统治者，这也是为什么闽南人对于祭祀王氏和陈洪进的庙宇，都倍加崇敬地冠于"广利"的缘由所在。

因此，回顾五代的闽南，从王潮开创闽南新局面，到王审邦父子苦心经营海上贸易，再到留从效承上启下、陈洪进和平演变，每一次变更和延续，都凝聚着闽南人"发展、创新、开放、包容和利民"的精神，而这些特性便是闽南人在接下来的海洋活动中长盛不衰的法宝，也是精髓所在。

---

[1] 脱脱：《宋史》卷四百三十八，《陈洪进传》。
[2] 徐松：《宋会要辑稿》，《番夷七》。

第二章　向海洋飞速发展

随着宋太宗统一中国的步伐持续推进，福建从闽国到北宋，和平的政权移转让福建的经济、人口和文化得以自然过渡，其休养生息的状态与支离破碎的其他地区相比，福建的优势日趋明显。

而作为福建发展的高地，闽南更是成为全国百姓纷至沓来的世外桃源，至北宋初年，泉州所属各县的版图便完全定格，如五代时，德化县从福州分出改属泉州，长泰县、永春县、同安县和安溪县从南安县分出；北宋初年，惠安县从晋江县分出，长泰县由泉州改属漳州，莆田县和仙游县由泉州改属兴化军。

建置的完整化及区域中心的形成，是五代至宋初闽南地区人口骤增的直接结果，也是人口质变的必然趋势，而这些新增的人口在五代时统治者鼓励生产、加强文化教育、引导贸易等政策的熏陶下，在宋代继续保持强劲的动力，这才有了泉州后来居上的可能。

宋代的闽南，特别是泉州地区，各方面都有爆炸性的成就。如从越南引进占城稻，使得闽南有限的耕地足以养活大量增长的人口，甚至宋初江淮大旱，朝廷遣使臣到福建取种三万斛至江淮，并教其种法；移民中的手工艺者从北方带来先进的生产技艺，如铁器、青白瓷、丝绸、金银器等冶炼与加工工艺在闽南地区遍地开花并开始尝试技艺革新，这些技艺的引入一方面解决了百姓的就业问题，另一方面增加了当地进行贸易的产品类别；文化教育事业的发展，促使闽南人开始深入参与大宋朝廷的科举考试，从北宋开始，福建逐渐成为宋朝举足轻重的科举大省之一，其中以泉州的晋江和兴化的莆田最为著名，人才的养成极大地促进了泉州各项事业的发展，这也是泉州能持续几百年繁荣的最大资本；航海方面，水密舱技术的全面普及及水罗盘的发明，使得福船远洋航行成为可能，这不仅大大降低了人员及财产的损失，更使得贸易网络持续、稳定进行；有了民间及官方资本的持续增长，水利及道路、桥梁设施的建设也成为可能，宋代时期，洛阳桥、安平桥、虎渡桥的建设，使得陆路交通更加便捷，商贾往来日趋频繁，泉州的盛世正式到来。

第一节　市舶司

北宋初期的中国海上贸易，对外通商依旧以明州、扬州和广州为主要中心。那时的泉州虽然延续唐和五代的繁荣，但还未到举世无双的境地，至少在当时的北宋朝廷看来，福建尚是印象中的"化外之地"。

在封建时代，商人的地位极其低下，他们追逐利润的本性，使得他们天生具备敏锐的嗅觉，刺桐港海上贸易的高额利润，最先引起他们的兴趣，随着刺桐港贸易规模的不断扩大，宋朝廷才在有意无意中注意到泉州这个新兴城市。

宋朝对海外贸易的重视和鼓励，和市舶管理制度有着密切的关联。宋开宝四年（971），沿用唐例，最早在广州设市舶使，由"州郡兼领"，"以知州为使，通判为判官，及转运使司掌其事，又遣京朝官、三班、内侍三人专领之"①。

---

①徐松：《宋会要辑稿》，《职官四四》。

皇祐三年（1051），广源州少数民族侬智高入侵广州，疯狂地掠夺了广州子城外数以万计的中外客商[①]；嘉祐四年（1059）和五年（1060），交趾（越南）两次入侵广西，严重威胁两广安全[②]；熙宁七年（1074），又发生了广州市易务勾当公事吕邈，擅自进入市舶司扣留番商物品的事件，同时市易务也紧盯着市舶这块肥差，各种干扰和胁迫，大有并吞市舶司之意。一连串事件的发生，使得广州贸易环境不断恶化，海外商户到广州贸易的意向逐渐降低[③]，广州市舶司每年税赋也因此减少了 20 万缗[④]。

针对这些状况，北宋政府除了增建广州西城保护商业区的安全之外，还下诏"广州市舶司依旧存留，更不并归市易务"，排除了市易务对市舶司的干扰，保证了市舶司的独立性，广州贸易状况稍有好转。

元丰三年（1080），北宋政府又根据海外贸易发展的趋势，总结以前市舶管理的经验，正式修订《广州市舶条》，把原来由地方官员兼任市舶使，改为由"转运使兼提举"专任[⑤]；其次把市舶纳入中央财税管理体系，对政绩显著的市舶官员，升官加级以资奖励[⑥]，同时加强官吏营私舞弊、私营贸易的监督。

此外对海舶的出入港管理、舶货的抽解（贸易实物税）、禁榷（专卖）和博买（官买）以及违犯者的刑训等，都作出了明确的规定，如海舶进港须"交验公凭，经过编栏（登记造册）、阅实（验货）确定无违禁物品，然后"凡细色（贵重）抽一分，凡粗色（普通）抽三分"，属于是禁榷物货的，则官方全部收购，普通货物官府以市价收购一半，剩下的由货主自卖。如果违犯

---

① 李焘：《续资治通鉴长编》卷二百三十七。
② 脱脱：《宋史》卷十二，《仁宗纪》。
③④ 脱脱：《宋史》卷一百八十六，《食货志·互市舶法》。
⑤ 脱脱：《宋史》卷三百七十四。
⑥ 脱脱：《宋史》卷一百八十五，《食货志下七》。

者，根据性质和程度轻重给予处罚，从判刑一年，发配邻近州府编管，或判刑两年，发配五百里编管，乃至黥面发配海岛，最严重的有处死等，种种法令，奖罚分明。宋太宗还制定了相应的由官方经营、禁止民间与外商私自贸易的市舶管理规定的诏令："诸番国香药、宝货至广州、交趾、泉州、两浙，非出于官库者，不得私相市易"[①]。

北宋初期制定的抽分，贵重商品为10%，普通商品则抽30%的税率，从此以后成为市舶司的固定规则，市舶司对于海上贸易所征收的税赋收入，也逐渐成为政府财政的重要来源。

第二节　冉冉升起的刺桐港

随着朝廷逐步放宽对海外贸易的限制，泉州地区地少人多的局限更促进了百姓参与手工制品制作和商品贸易的积极性。当广州港遭受前所提及的一系列事件，以及广州官吏对番商的过渡盘剥侵损，越来越多的南海番商放弃广州，一路北上寻找更合适的港口，而地理位置居中、拥有优良避风深港、能制造充足且精美商品、聚集大量诚信能干商人的刺桐港便成了他们的首选之地。

北宋熙宁初，尽管南来的番商和南下的泉商越来越多，但北宋政府仍规定他们来回都要去广州办理市舶交易所需的相关凭据，否则可能面临没收货物的处罚。这对当时舶船航行全靠季风，对外贸易除了面向南洋群岛外，还包括日本、高丽（朝鲜）的泉州诸商来说，极其不方便，因而有些泉州商人不惜铤而走险跳过市舶司，开展走私贸易。如此一来，广州的市舶税赋非但没有增加，反而加大了北宋沿海水寨的稽管压力。

熙宁五年（1072），泉州转运使薛向奏请朝廷于泉州增设市

---

①徐松：《宋会要辑稿》，《职官四四》。

舶司，但未获批准。到熙宁七年（1074），朝廷决定逐步开放刺桐港，诏"诸泉、福缘海州，有南番海南物货船到，并取公据验认，如已经抽买，有税物给到回引，即许通行"。与此同时，也加强了对沿海地区走私贸易的管制，"若无照证及买得未经抽买物货，即押赴随近市舶司勘验施行。诸客人买到抽解下物货，并于市舶司请公凭引目，许往外州货卖。如不出引目，许人告，依偷税法"①。

　　随着泉州刺桐港贸易规模的逐年增长，北宋朝廷终于意识到泉州在海上贸易的重要性，宋元祐二年（1087），朝廷下诏"泉州增置市舶司"。泉州市舶司的设置，是在泉州港对外贸易达到相当繁荣的程度，才引起时政者的重视。以市舶司的设置为标志，泉州刺桐港正式成为走向海洋的新星，而闽南海洋文化的升华和对外输出也从此开始。

泉州市舶司遗址

---

①徐松：《宋会要辑稿》，《职官四四》。

设立市舶司后的第九年，也就是绍圣二年（1095），泉州已然是"珍珠玳瑁、犀象齿角、丹砂水银、沉檀等香，稀奇难得之宝，其至如委，巨商大买，摩肩接足，相办于道"[①]。泉州港商贸之繁盛，可谓空前，其后虽然遭受朝廷新、旧党争的影响和其他大港的排挤，泉州市舶司曾几度罢废，但都很快就被恢复设置。

宋徽宗崇宁二年（1103），泉州市舶司奉旨以朝廷名义"招纳到占城、罗斛二国前来进奉"。政和五年（1115），泉州市舶司设置来远驿，作为接待外国使节的专门机关，"并足定犒设馈送则例及以置使臣一员监市舶务门"，以接待日益增多的慕名远道而来朝贡和贸易的诸番国人。当时的泉州有数以万计的外国人，他们来到中国以后，进行各种商贸活动和文化交流，许多人爱上了泉州并长期在此定居，有的被政府授以地方官，他们与泉州人和睦相处，友好往来，有的还与泉州人通婚，生儿育女，繁衍生息。他们聚居的地方称为"番坊"，宋朝官府和泉州人尊重他们的风俗习惯，关心他们的生活，他们以民主的方法选举自己的"番长"，兴建自己的清真寺（如清净寺），创办自己的学校"番学"，以确保在泉州经商的外国人子女，都能够进入学堂接受教育。

北宋饶有成效的经济恢复和商业鼓励政策，使得其成为有史以来第一个人口上亿的朝代，而福建作为后来居上的典范，吸引了大批中原人口入闽，人趋于利，物畅其流。宋元丰时期，泉州人口已超百万，入列全国八大望州，海上贸易的繁荣也使泉州成为可以与同时期的广州、福州匹敌的商业港埠。从此，泉州开始从人口净流入向净流出转变，而闽南海洋文化的外溢效应，也基本上从北宋末年开始。

[①]何乔远：《闽书》卷五十五，《文莅志》。

第三节　造船和航海

人们依靠船航行于海洋之上，把世界的大陆连接起来，船让原本相对隔离的陆地文明有了联系的机会，文明也在船的作用下开始了广泛融合和相互借鉴。因此造船和航海技术的优劣，决定了海上航行的广度和深度。关于泉州的造船业，宋泉州人谢履在《泉南歌》如此描述，"泉州人稠山谷瘠，虽欲就耕无地辟。州南有海浩无穷，每岁造舟通异域"。

造船方面，南宋地理学家周去非，在《岭南代答》一书中称，泉州所造的海船"大如广厦，深涉南海，经数万里"，船上有四层甲板，公私房间数十间，还有"秘房"和厕所等，设备和设施之齐全让人叹为观止。1974 年泉州后渚港出土的宋代海船，残长 24.2 米，宽 9.15 米，船身三重木板，13 个船舱，可载重200 吨以上。福船不仅规模宏大，而且在安全方面更有保障，宋代泉州人对于水密隔舱这一造船技术，已经有了广泛的认知，并能熟练运用。该技术的使用较之王延彬时有了更大的进步，船舶跨洲远洋能力大幅提升。

航海方面，宋代的舟师（船舶操控者）不仅能够熟练使用指南技术和通过天象来判断潮汛、风向和阴晴，而且能运用信风规律掌控出海或返航的时机，此外牵星术的发明和应用，也促发了牵星板及海道图的编制和广泛传播。北宋朱彧在《萍洲可谈》里，讲到当时海船上的人辨认地理方向的方式：晚上看星辰，白天看太阳，阴天落雨就看指南针；北宋徐兢在《宣和奉使高丽图经》中也说到，船队航海，夜晚"视星斗前迈，若晦冥，则用指南浮针"。可见那时从事航海的人们已经普遍地掌握了用指南浮针掌控方向的知识，随着指南针在航海上的广泛应用，指南针本身装置也得到了改进。

这些航海技术的产生和熟练掌握，是人们在长期的生产活动中，不断地与海洋发生关系时所积累的知识，是人类对于海洋不断的探索的认知，是闽南人海洋文明进步的体现。

指南针的发明和应用，不仅使人们克服了远航时不易辨别方向的困难，而且推动了世界航海事业的发展和交流。南宋时，阿拉伯和波斯商人学会了指南针的制造和使用方法，辗转之后又把这些方法传到了欧洲，从而改变了世界航海的大格局，到了12世纪末，阿拉伯和欧洲一些国家已经开始用指南针来航海。

而欧洲的大航海时代则是15—17世纪发起的跨洋活动。这些远洋活动极大地促进了地球上各大洲之间的沟通，并随之形成了众多新的贸易路线。伴随着新航路的开辟，东西方之间的文化、贸易交流大量增加，殖民主义与自由贸易主义开始抬头。欧洲则在这个时期快速发展并奠定了现代繁荣的基础。通过航海，人们不仅从中掌握了大量的地理知识，也极大促进了各国文化的交流，并因此成为欧洲资本主义兴起的重要元素之一。后来欧洲人的商业模式和军队通过大海征服了世界，从而才使海洋文明得到更深入的发展。因此我们可以认为，中国"司南"技术的发明和使用，经过宋元时期海上贸易的传播，使得欧洲的海洋文明在近现代有了质变的可能，世界也因此从区块独立发展变成地球村，协同进步，这便是中国海上贸易对世界的贡献之一。

第四节　让海洋引领农耕

海洋贸易事业的蓬勃发展，是闽南整个经济文化齐步前进的重要条件，以耕田、捕鱼为基础的闽南农业在海洋活动的刺激和反哺下，也开始从传统农耕向商品化工商业转变。土地在商品化经济发展过程中，开始由简单的满足衣食住行的需求，向追逐更高额利润的方向前进，不管是土地产出，还是劳动力创造的利润，闽南在宋代都达到了顶峰，这大概就是海洋引领农耕的必然趋势。

宋元刺桐港对外贸易的货品当中，香料、药物是重要的进口商品之一，是当时被广泛追逐的奢侈品。在民众眼里，从事香料、药物贸易是获得高额利润的主要来源，因此趋者日众，而大宋统治者亦认为除了茶、盐、矾之外，唯香之利润最大，因此也极力鼓励市舶司发展海上香料贸易。

太平兴国七年（982），宋政府公布的通行香料、药物中，只有降真香、檀香、丁香、龙脑、木香、胡椒等37种，到了绍兴三年（1133）则增至200余种，绍兴十一年（1141）又扩展到300多种。与此同时，香料、药物进口数量更是突飞猛进，建炎四年（1130）刺桐港仅抽买的乳香一十三等，便达到了八万六千七百八十多斤。

如果单纯进口海外商品，贸易逆差将会使大量的货币（贵金属）外流，从而导致经济失衡，这绝非长久之计，因此追求贸易平衡是对外贸易发展中的基本要求。

五代和北宋时期，大量的能工巧匠南迁至闽南地区，带来了中原地区各类先进的生产制作技艺和知识。他们又根据闽南地区的先天条件，有目的、循序渐进地改良和传播了这些技艺和知识，从而使闽南在最短的时间内达到与中原地区持平的农业和工业水平，并通过本地士大夫的知识加工和持续改进，极大地优化和筛选更适用闽南和海外需求的内容，从而最大程度上推动了闽南地区的工商业领先发展。

因此，宋代的闽南人掌握着当时世界最先进的生产技术也就理所当然了，这当中对海外贸易影响最深的，当属陶瓷制作技术。陶瓷作为深加工的日常必需器具之一，所具备的实用性和美观性，很容易吸引潜在消费者的兴趣，因此陶瓷制品理所当然地成为出口海外的最大宗商品之一。

瓷器作为古代中国的特有发明，当它出现在海外时，便受到热捧，由于文化水平的差异，瓷器品质并非海外消费者关心的重点，其产量的高低，才是关键。闽南人敏锐的商业嗅觉，便是在经年累月的商业往来间培养起来的，他们深谙贸易的方式方法，也懂得如何利用供需扩大利差，因此泉州周边的腹地港很快地建立起一条龙的陶瓷制造产业链。

泉州的制瓷业，起于两晋南北朝，唐以后已经形成相当规模，宋元时期达到历史巅峰。在晋江两岸，陶瓷作坊遍布各个山头和山坳，其生产的产品品种繁多，但仍以出口型青白瓷为最大宗，这也充分印证了当地适应海上贸易的产业模式。近来大量的海外考古发现，也侧面反映了宋元福建瓷器的外销数量和范围。

在日本福冈市镰仓时代（1185—1333）的博多遗址中，出土了包括珠光青瓷在内的许多碗、碟、洗等同安窑系青瓷器，以及闽北大口、茶洋、华家山、社长埂等窑的青白瓷器；在马来西亚、印度尼西亚以及菲律宾等国家的博物馆里，陈列着许多当地出土的泉州宋窑军持、瓶、盘、盒等；土耳其的伊斯坦布尔博物馆收藏的上万件中国瓷器中，也有泉州宋代青瓷器；印度出土过泉州宋代的贯耳瓶，斯里兰卡曾发现德化窑的莲瓣碗和墩子式碗，肯尼亚发现有安溪窑的宋代瓷瓶，坦桑尼亚达累斯萨拉姆以南317千米的基尔岛出土的元代德化白瓷莲瓣碗，则是迄今发现的福建瓷器销路最远的一例。

从国内"南海一号"沉船出水的物件来看，船舱内有超过六万件的南宋外销瓷，主要由江西景德镇窑系、浙江龙泉窑系、福建德化窑系、福建闽清义窑系和福建磁灶窑系等五大民窑瓷器构成。这些陶瓷制品大多是中国与外国间的贸易货品，此外还有金饰、漆器、金属制品等。沉船上还发现了大量印着东南亚及中东地区特色的花纹、镀铅仿银的瓷片，以及成叠摆放的铁锅等，由此可以推测船主用中国的原材料和工艺为国外客户定制了具有域外风格的生活用品，这是当时已存在的"来样加工"贸易形式的雏形证据。

南海Ⅰ号博物馆馆藏宋磁灶窑酱釉扁腹小口罐

以上出土的宋元时期泉州系陶瓷，主要为同安汀溪窑、德化窑和晋江磁灶窑，三者在当时的规模都是巨大的，其中尤以同安窑系专供出口的珠光青瓷最为典型。

珠光青瓷，其典型器为刻画卷草篦点纹的青黄釉碗，这类碗因受日本茶汤之祖高僧村田珠光（1423—1502）的青睐，而被日本学者称为"珠光青瓷"，且在日本镰仓时期（1185—1333）诸多遗址中屡被发现。后来珠光青瓷也称"同安窑青瓷"，其釉色以枇杷黄为上，器内壁划刻简笔，配以之字形篦纹，简朴大方，日本陶瓷界曾苦苦寻找原产地而不得。

1956年，同安县汀溪拟修建一大型水库，在施工时意外发现大量的瓷片和窑址，当年故宫博物院陈万里先生闻讯后立即赶往调查。第二年，经过详细的考证和实物对照，陈万里证实了汀溪发现的窑址所生产的瓷器正是风行日本的珠光青瓷。而汀溪窑址群也以其窑址规模宏大、瓷器种类丰富、瓷器残存数量大、品质优良而被公认为珠光青瓷的代表窑址，该系列窑址后来被统一称为"同安窑"或"同安窑系"。在同安境内及周边县市，南至广东，甚至远至江浙、闽北，也发现了大量珠光青瓷窑址，但同安汀溪窑仍可称"最"①。

珠光青瓷起于北宋末年，盛于南宋，衰于明初，是典型的外销青瓷。从问世以来一直是泉州刺桐港的中坚商品，其产地几乎遍布了刺桐港的沿海腹地，也见证了刺桐港宋元的全盛时期。

泉州港出口的瓷器远不止珠光青瓷，据统计，泉州地区宋以前窑址共计 19 处，宋元时期增长至 130 处，其中沿海的晋江 14 处，南安 47 处，惠安 1 处，同安 6 处，山区的德化 33 处，安溪 23 处，永春 6 处②，他们的品种包含了青瓷、白瓷、黑瓷、杂色瓷等，其产品不仅远销海外各国，还遍布全国各地。

厦门博物馆馆藏宋德化窑白釉印花盒

德化窑在数量和规模方面较为突出，在元代便出现了"窑体

---

① 杜志政：《宋代外销瓷的璀璨明珠：汀溪窑珠光青瓷》，《东方收藏》，2011 年，第 10 期。

② 苏基郎，李润强译：《刺桐梦华录——近世前期闽南的市场经济（946—1368）》，浙江大学出版社，2012 年。

宽大，装烧量全国罕见"的鸡笼窑。这种容量超大的鸡笼窑极大地提升了生产力，满足了大规模海外陶瓷贸易的数量需求。南宋和元代时期的德化地区，作为泉州港海外陶瓷贸易产品的主要供应基地之一，无论是鸡笼窑还是龙窑，许多窑身长度都达几十米甚至上百米，这在中国陶瓷发展史上是极为罕见的。

无论是内陆的景德镇还是位于泉州周围的磁灶、德化、同安等窑口，作为瓷器生产基地，都有近水流的地理分布特征。这些窑口所生产的产品，可以用船承载，顺着河流水系，将产品运输到泉州港出洋。

除了瓷器，宋代东南沿海地区生产的绸缎织品也是备受青睐的外销精品。南宋建炎三年（1129），宋廷主管纺织的机构南外宗正司从江苏镇江迁至泉州肃清门外忠厚场，宋皇室人员大量涌入泉州，对于精致布料的需求也急剧增加。随着吴地蚕桑生产技术和丝绸织造技术的引进，及市场的强烈刺激，泉州纺织技术迅速提升，很快的，泉州成为当时重要的纺织中心之一。

泉州所产的"刺桐缎"又称"泉缎"，以质地精良、花色丰富、轻精耐久见称。南宋淳祐年间（1241—1252），南安翁山（又称瑛内，现南安英都）的蚕种就已闻名，用该蚕的生丝纺织成的绢，称为"翁绢"，据赵汝适的《诸番志》记载，翁绢是当时泉州外销的大宗商品之一。泉缎除了供应对外贸易外，也是宋朝皇室的日常服饰用料，甚至还成为国际交往互赠的珍贵礼品。在福州发掘的南宋黄昇墓354件皇家丝绸纺织品和福州市郊茶园村发掘的"端平二年（1235）"南宋墓中，出土数百件珍贵无比的四经（纱）丝绸纺织品，都属于闽产丝绸。其中有两匹丝料两端均有墨书题记，一作"宗正纺染丝绢官记"，加盖长方朱印；另一作墨书"南宗正纺织司"和篆体"赵记"朱印，显然，这是位于泉州的南宗正旗下纺织局的产品，很有可能来自泉州。

北宋天文学家、三朝重臣、同安人苏颂在他的《送黄从政宰晋江》中写道："泉山南望海之滨，家乐文儒里富仁。弦诵多于邹鲁俗，绮罗不减蜀吴春。怀章近辍枢廷杰，制锦重纡学馆人。岂独光荣生邑里，须知美化浃瓯闽。"苏颂以纪实为主的手法，既称赞又还原了泉州当时的丝织业盛况和繁荣景象。

南宋意大利商人雅各·德安科纳，也在他所著的《光明之城》中讲道，"世界上还没有如此富丽堂皇的、缀满小珍珠的缎子"。伊本·白图泰也记录了，"中国国王送给摩哈默德·苏丹（Sultan Mohammed）花缎五百匹，其中百匹系在刺桐织造，百匹系在汉沙（杭州）织造"。

由此可见，泉州所生产的"泉缎"，上至达官贵族，下至域外番商，无不啧啧称奇喜爱无比。而其所代表的泉州贸易经济之繁荣景象也充分说明了宋元时期的闽南，在劳动力从粮食生产中解放出来后，手工艺水平得到迅速提升；并充分利用其所在优势，积极开拓和发展对外贸易，以质和量双重保障迅速占领海外市场，从而大量赚取利差，又从中易得域外珠宝、香料、药物等，进入国内再次积累财富，如此一进一出，赚取两次利润，难怪泉州能盛极一时，富甲一方。

第三章　沸腾的闽南

　　"此地古称佛国，满街都是圣人"，朱熹所撰、弘一法师所书的这副对联，至今仍垂挂于泉州开元寺门口，泉州在宋代的人文特点，以此为总结一点儿都不为过。

　　自从王潮攻下泉州，并以之为立闽根据后，泉州的盛世便已展开序幕，待至王审邦、王延彬父子的苦心经营，泉州已然成为东南望郡。贯穿整个闽国，倡佛一直是历代闽王的执政主张，也因此，闽南地区素来有"泉南佛国""漳州佛国"之称。但凡名山之中，必有佛寺，天下良田尽为所有，之后历经留从效、陈洪进、两宋，这一状况也未曾改变。

　　经过佛教的洗礼，使得闽南人向善、淳朴、知礼，故而该时期的闽南商人在闽南，甚至全国、全世界的商业经营中往往秉承诚信、博爱的理念，以永续经营为目的展开各类活动。而土地的高度集聚，也变相促进了土地的集中经营，使

开元寺泉南佛国石刻

得各种规模性的农业经济得以被开发和发展。随着人口的大量迁入，闽南地少人多的矛盾在发达的商品经济社会中并未爆发，反而因为手工业的发展而得到妥善的分工，从而使得陶瓷业、纺织业、制铁业等劳动密集型产业迅速成长起来。

可见，以港口经济为基础的泉州，通过政策鼓励，及经济基础的构建，竟然成功地建起了规模宏大、分工明确、健康发展的经济链条，科教文卫等事业也因此蓬勃发展，闽南沸腾了。

第一节　闽南海商

在北宋初中期时，刺桐港在全国范围内还算不上特别突出，和其他的贸易港口仍存在明显差异，但进入南宋后，刺桐港却有了质的飞跃，这与南宋的政治格局和政策有紧密的联系。

刺桐港的兴起，首先得益于历代主官饶有成效的正确治理和闽南人坚持不懈的创新，其次是因为北方战乱导致其他港口竞争力的下降及人口的南迁。

宋徽宗即位后，解除了与"高丽、日本、大食诸番"的通商禁令，同时批准了在泉州实施一系列优惠国内外舶商的政策。再者，靖康之变（1127）后，大宋于1138年迁都临安，之后两浙路诸港接连遭受战火的破坏，温州、秀州的市舶务也在1208年之后废止，大宋的对外出路不得不逐渐南移。

传统上，两浙路的贸易对象主要为高丽和日本，受战争影响，北线贸易时断时续，很不稳定，其贸易规模往往不值一提。相反的，随着中东贸易集团的崛起及南海诸国加入世界贸易圈的常态化，广南、福建的贸易额呈现明显增长的态势，加上南宋两大外宗正司（掌外居宗室事务）相继迁设泉州和福州（南外移至泉州，西外移至福州），几千名宋室贵族及相关的士大夫移入福建，更加强了福建奢侈商品的制造能力和消费力。

基于天时地利人和，泉州很快便成为南宋首屈一指的贸易海港：首先，海商从海外带来大量的珠宝、香料和药物，除了满足皇室成员的日常耗用外，也可供给平民百姓；其次，从泉州陆运或海运将货物送达临安，要比北宋时运往汴京方便得多，距离也较从广州出发减少一半；最后，刺桐港水域常年不冻不凝、航道深广，海上航行条件佳，且这里的百姓远离战乱，能安心从事海贸事业，能够为大宋提供源源不断的物资和财富。

不管是何种考量，偏居南方的南宋能够以雄厚财力对抗北来的威胁，市舶司贡献极大，而泉州所在的福建更可谓是大宋的财政、人才、文化储备库。

宋室南渡后"经费困乏，一切倚办海舶"[①]，"三市舶司岁抽及和买，约可得二百万缗（每缗约 770 文）"[②]，市舶的税赋收入竟占南宋全部收入的五分之一。由此可知海外贸易在南宋时期国家经济活动中的重要地位，所以针对刺桐港，南宋也制定了一系列积极的奖励政策。

1. 奖励官衔

南宋绍兴六年（1136），泉州知府连南夫奏请："诸市舶纲首（船长），能招诱舶舟，抽解物货，累价及五万贯、十万贯者，补官有差。大食国（伊朗）番客啰辛贩乳香值三十万缗，纲首蔡景芳招诱舶货，收息钱九十八万缗，各补承信郎。闽、广舶务监官抽买乳香每及一百万两，转（升）一官；又招商入番兴贩，舟还在罢任后，亦依此推赏。"[③]

2. 设宴款待

绍兴十四年（1144），泉州市舶司被批准"依广南市舶司体例，每年于遣发番舶之际"，"支破官钱三百贯文，排办筵宴"，

①顾炎武：《天下郡国利病书》卷一百二十，《海外诸番条》。
②李心：《建炎以来系年要录》卷八十八。
③脱脱：《宋史》卷一百三十八，《食货志下七》。

"本司提举官同守臣犒设诸国番商等"①，这是鼓励番商来泉贸易的一种招待措施。

3. 鼓励招商

绍兴十六年（1146），宋高宗指出，"市舶之利颇助国用，宜循旧法，以招徕远人，阜通货贿"②，这表明了朝廷积极发展海外贸易的决心和要求官吏循照法规管理市舶和维护贸易体系的决心。

4. 专官专用

绍兴二十一年（1151），朝廷议福建"市舶委寄"，宋高宗则认为，提举市舶官的委任是很重要的事情，如果所用非人，采用了不正确的决策，将使海商不来贸易。③ 高宗以帝王之尊，对一个市舶官的委任如此看重，可见其对海外贸易和泉州市舶司的重视。

5. 集中经营

宋乾道二年（1166），废两浙市舶司，从此海贸的重心正式转移到了泉州，从而使泉州的经济腹地由福建扩大到整个中国。

南宋从整个大局考虑，积极扶植泉州市舶，不断加强泉州市舶司的地位和职权。泉州在占有地理之利的同时，又得到朝廷强有力的支持，加上历任市舶主事在管理上采取了积极有效的措施，使得泉州刺桐港成为南宋第一港。而更重要的，在于南宋开明和宽容的对外政策，使得包括南宋子民在内，但凡有心与宋商贾往来者，南宋朝廷一概欢迎，甚至在政策上还有意倾斜。

如准许番商设铺营业，他们既可与中国商人"结托"，合作经营，也可独资运作，最让人不可思议的是，南宋竟然允许中外百姓设置私人船队参与原本仅限官营的贸易活动。日本《朝野群

---

① 徐松：《宋会要辑稿》，《职官四四》。
② 徐松：《宋会要辑稿》，《职官四四》。
③ 梁克家：《中兴会要》。

载》卷二十《大宰府附异国大宋商客事》记载了泉州商人李充的"公凭"（包含政府的政策法令和"宋商"的船队组织）：北宋徽宗崇宁四年（1105），泉州巨商李充前往日本贸易，他用自己的大船从泉州运来的货物有"象眼（几何纹样）40 匹、生绢 10 匹、白绫 20 匹、瓷碗 200 床、瓷碟 100 床（20 件）"，从清单上来看，这其实就是载满丝绸和瓷器的私人船只。

　　正因为私人贸易的崛起，到了南宋后期，刺桐港番商依靠各种优惠政策，除了赚得盆满钵满外，有些野心膨胀者甚至还组建了自己的护队，不但谋得了南宋的官差，还操纵和垄断了刺桐港的贸易。这种全中外人民参与的贸易盛世，为南宋赚取了大量财富的同时，也埋下了全盘倾覆的炸弹，但不管怎样，对于生于斯长于斯的闽南人来说，赚取财富的同时，也在经历着文化扩张、成熟的爆炸式发展。

第二节　港口和腹地的建设

　　一座上海市，其背后的支撑是整个长江流域，今日如此，古代亦然。泉州刺桐港的异军突起，非一朝一夕一蹴而就，而是历经数百年不断积累后的厚积薄发。其背后，近者如泉州、漳州，及与泉州藕断丝连的兴化军，远者历汀州、福州、建州而拥有整个闽浙赣粤，甚至在元代，是整个中国。因此，港口的持续发光发热，更需要当局对与之紧密相关的腹地苦心经营和持续的基础建设，才能使整个经济链高速、稳定发展。

　　随着泉州市舶司的设置，刺桐港的地位得到空前的提升，以之为基础形成了"腹地生产—收购—运输—集中—出洋运输—销售—回购番货—销售"的完整循环经济链。该经济链条使与商品有关的各生产要素紧密联系，互相影响，随着海外贸易的逐步发展，生产力也不断进步，腹地基础设施得到加速改善，百姓生活水平逐渐提高，文化事业蓬勃发展，反之又促进了贸易的壮大和结构改善，这种良性的循环经济，只要政策面保持稳定，便可永续发展。

官府在海贸的发展过程中获利最大，理所当然的，也是腹地建设最大的承担者，一者可维系政权统治的稳定，二者亦可通过全民参与达到官府与百姓的共同富裕。因此在两宋时期，闽南官民各方均筹集了大量资金，用于闽南地区的港口和城市建设。

石湖港古渡口

港口方面，为了方便外来商舶来泉贸易，各地方在沿海港澳兴建了大量的港口，如泉州的三湾十二港：泉州湾的崇武港、秀涂港、后渚港、蚶江港；深沪湾的石湖港、祥芝港、永宁港、深沪港；围头湾的福全港、石井港、东石港、安海港等。

航标方面，古代船舶的航行，往往通过眼睛和经验进行判断与定位，故而在各主要港口均建有显眼的航标。如政和年间，泉州湾的六胜塔（石湖塔）；绍兴年间，永宁湾的关锁塔（姑嫂塔）；绍定年间，厦门湾的延寿塔（南太武山上）。这些塔，大多位于湾区的入口高山之上，除了供来往船只航行定位外，还可以供文人墨客、稽查官员登高瞭望海况。

六胜塔

交通方面，闽南沿海多山多水，尽管货物往来多赖船运，但陆运在古代仍是主流，故而跨越港湾、河流的渡桥便是古代闽南人首先要解决的交通问题。如皇祐年间，洛阳江上的洛阳桥（又称万安桥）；绍兴年间，安平湾上的安平桥（又称五里桥）；绍熙年间，九龙江上的江东桥（又称虎渡桥）；同安县境，元祐年间西溪上的西安桥（又称西桥），建隆年间东溪上的东桥（又称太师桥，传为留从效所建）等。

因海而兴的泉州，在繁荣的经济刺激下，桥梁建设水平也是突飞猛进，民间常有"闽中桥梁甲天下，泉州桥梁甲闽中"之称，其中以中国四大名桥之一的万安桥最为著名。

皇祐五年（1053），郡守蔡襄主持建造了万安桥，万安桥所

晋江安平桥

处的位置为洛阳江江海交汇处。海水落潮时，洛阳江水自西奔流而下，持续冲刷着海口；涨潮时，海水从泉州湾由东灌涌而入，水流湍急、凶险无比，想要在此建桥，对桥的墩基是个严峻的考验。针对这种情状，闽南师傅因地制宜开创了一种全新的技术，即在江底沿着桥梁中线置石块，以之为中心向两侧过渡一定宽度，从而形成一条横跨江底的矮石堤，以作为桥墩的基础。而叠加在基础上的筏形基石，可以最大限度上减少两侧水流的冲刷阻力。最令人称奇的是，工匠们为了对桥墩进行加固，采用了生物辅助的方式，"多取蛎房散置石基益胶固焉"①，现代把这种技术称为"筏形基础"，洛阳桥的造桥工艺，后来也成为闽南桥梁大量普及的技术支撑和经验来源。

洛阳桥

————————————

① 乾隆《泉州府志》卷十，《桥渡》。

另据清乾隆《泉州府志》卷十所载，闽南地区的桥梁常"以数十重木压之"，其原因为"闽水怒而善崩"。因此造桥时除了采用洛阳桥的铺设地基外，也有采用"睡木沉基"的基础做法，以确保桥梁保持平衡，减少倾斜和下沉的发生[①]。

正是闽南工匠们的聪明创造，闽南桥梁在宋代如雨后春笋一般拔地而起，南宋绍兴年间（1131—1162）修建的著名桥梁，还有古陵桥、安平桥、东洋桥、厦渎桥、普利大通桥、石笋桥、苏埭桥、玉澜桥[②]，嘉定四年（1211）郡守邹应龙造顺济桥[③]。泉州地区仅宋一朝修建的桥梁，数量达到109座，其中晋江50座、南安24座、惠安16座、同安11座、安溪8座，而漳州府城在宋土城基础上扩建后，在原来的护城河上也建城了"七阴八阳"桥。

这些建于江海交汇之处或海湾之上的桥梁构建了一个庞大、便捷的交通网，"条条大路通泉州，各个港口接刺桐"。交通的便利，更方便了货物的集散和人流的汇聚，以桥梁为代表的泉州基础设施的逐渐完善，是泉州海上贸易不断膨胀的最有力支撑。至南宋晚期，泉州已然是全国无可匹敌的海贸巨无霸，各种有利因素令泉州港一时"风樯鳞集，舶计骤增"，出现"涨海声中万国商"的繁荣局面。

第三节　诸番志

如果说，硬件上的成就还不足以反映泉州海上贸易带来的繁荣，那么一个个了不起的泉州科举人物，一定能够让泉州增色几分。

宋代泉州不只经济发达，文风更是鼎盛非常。北宋泉州地区中进士者494名（正奏名343人、特奏名151人），南宋时进士人

---

①③乾隆《泉州府志》卷十，《桥渡》。
②庄为玑：《古刺桐港》第七章，厦门大学出版社，1989年。

数更多达 924 名（正奏名 583 人、特奏名 341 人）。绍兴三十年（1160）庚辰科，状元为梁克家，庆元五年（1199）己未科，状元为曾从龙，该科晋江县进士及第者高达 27 人，南宋泉州文化气息之浓厚，由此可见一斑。

泉州甲第巷

泉州经济强大的同时，其执政级别也较之其他城市有明显优势。南宋时，泉州有州衙、宗正司和市舶司三大衙门，他们彼此独立，各有分工，彼此合作的同时也互相监督，其意见均可直达大宋朝廷，这是除京城临安之外，全国十五路、一百九十二个州府当中，最具特权的一个。

也因为这种特权，朝廷在委任泉州一把手时，往往千挑万选，必然是人中龙凤才有如此资格，反之，主官能力的出众也使得泉州在政策制定和执行上有了最基本的保障，这算是互相促进的良性循环。从建炎元年（1127）至咸淳初年间，泉州知州有 87 人进士出身，其中状元 6 人，榜眼 2 人，探花 2 人，省元 1 人。而宋宗室中也有 10 多人，曾先后出任泉州知州或市舶司官员。

宋代部分任泉州知州与提举市舶官员名录

姓名	职位	执掌年	科举功名
蔡襄	两知泉州	至和、嘉祐年间 （1054—1063）任	天圣九年(1031)进士
陈桷	知州	绍兴五年(1135)任	政和二年(1112)探花
赵令衿	知州	绍兴二十一年(1151)任	宗子
陈诚之	知州	绍兴十五年(1145)任	绍兴十二年(1142)状元
王十朋	知州	乾道四年(1168)任	绍兴二十七年(1157)状元
萧国梁	知州	淳熙元年(1174)任	宋乾道二年(1166)状元
赵公迥	知州兼南外	淳熙年间(1174—1189)任	宗子
真德秀	两知知州	嘉定十年(1217)、 绍定五年(1232)任	理学家
赵必愿	知州	淳祐五年(1245)任	宗子
邓驿	知州	庆元元年(1195)任	宋淳熙二年(1175)探花
叶适	知州	嘉泰二年(1202)任	宋淳熙五年(1178)榜眼
章颖	知州	嘉定元年(1208)任	宋淳熙二年(1175)省元
邹应龙	知州	嘉定二年(1209)任	庆元二年(1196)状元
黄中	知州	嘉定六年(1213)任	宋绍兴五年(1135)榜眼

（续表）

姓名	职位	执掌年	科举功名
赵崇度	知州兼市舶提举	嘉定十年(1217)任	宗子
赵汝适	知州兼市舶兼南外	嘉定十六年(1223)任知州，宝庆元年(1225)兼知南外宗正事	宗子
黄朴	泉州知州	端平二年(1235)任	宋绍定二年(1229)状元
赵汝腾	知州兼知南外宗	嘉熙二年(1238)任	宗子
王会龙	知州兼市舶司	嘉熙四年(1240)任	宋宝庆二年(1226)状元
刘克逊	知州	淳祐五年(1245)任	—
赵师耕	知州兼市舶司	淳祐七年(1247)任	宗子
赵孟传	知州	景定三年(1262)任	宗子

摘自清乾隆《泉州府志》卷二十六。

泉州郡守蔡襄祠

这些知州、市舶官员和参与市舶管理的官吏，在任期内除自身能"居宦清白""秋毫无所取"外，更重要的是"同心划洗前弊，罢和买、禁重征、兴利除弊、发展生产"，并"剔除蠹弊，黥籍舞文之吏"①。以人为本，官民协作，这在泉州被贯彻得相当完美，其中尤以宋宗室后裔赵汝适最具代表性。他在宝庆年间出任市舶司提举时，除了恪尽职守外，还"询诸贾胡，稗列其国名"，通过详细调查和考证，写出了泉州海上贸易的盛况代表作《诸番志》②。

《诸番志》分为上下两卷，上卷共 45 篇，共记载了南宋前期与刺桐港通商的 60 多个国家和地区，其中详细描述者计 43 个；下卷共 41 篇，详细记载了当时贸易的状况和货物种类，文中所列进出口货物 410 种以上，其数量远超宋代以前的任何一个时期和港口。迄今为止，这部书依然是探索中国宋代对外贸易的重要史料，法国人伯希对此书评价很高，认为研究中世纪东亚和西亚海上贸易，《诸番志》是一部必不可少的著作。③

第四节　顺风得利

文化的发展从来都是动态前进的，每一个物质经济的变化都是对文化的一次冲击与历练。闽南文化在形成过程中，海的作用不可忽视，因为海的融入，闽南人才独立于其他汉人而自成一个民系，因为海的充分利用，闽南人才在若干民系中脱颖而出，成就了独具特色且颇具影响力的海洋文化。因而，在闽南海洋文化中，随处都能感受到深厚的海洋气息，在百姓日常的承载实体中，这种气息是以一种相对缥缈的方式存在和延续的，那便是文

①乾隆《泉州府志》。
②纪昀：《钦定四库全书》史部十一，《诸番志》。
③庄为玑：《古刺桐港》，厦门大学出版社，1989 年。

化在民间的重要体现——信仰。

宋代，以西亚为中心的阿拉伯帝国控制了从波斯到北非的大片土地，当时的亚历山大港堪称世界第一大港。他们的辐射范围从陆地到海洋，跨越三大洲直达东南亚，即我们认知中的东西洋、南洋。阿拉伯人并未满足于印度洋狭小的海域，他们以苏门答腊的三佛齐为中转站，北上经中南半岛，再达中国的广州，极力拓展与中国的贸易。

宋太祖虽然统一了南方的各个割据势力，但却未能征服盘踞北方的辽、夏，陆上的丝绸之路，加上后来向北纳贡，宋朝在财政上的负担日趋沉重。因此，宋朝开始把目光投向了海上贸易，意图在原有的海上丝绸之路基础上扩大经营范围，以获取更大的经济利益。朝廷先是设立了广州市舶司，继而又增加了靠近帝国中枢的杭州、明州两处，随着海贸规模的扩大，神宗元丰年间（1078—1085）在泉州设立官望舶后，再设立市舶司。[①]

这种由上而下的发展过程，是宋代历史发展的必然，也是泉州地区参与国家级海上贸易的偶然。这份偶然的出现，应该归功于泉州从唐、五代以来积极拓展海洋活动的不断尝试和努力，从根本上说，是南迁汉人与闽地土著不断融合、互相学习、持续创新的直接结果。因而说，闽南人是促成泉州海洋地位提升的关键因素，而围绕着闽南人的一切，我们都可以在信仰中找到他们的人文特点，以追溯和还原宋代泉州精神的精髓。

生活在闽南地区的族群，无论是捕鱼、船运或者是经商，在不断地对海洋进行探索的过程中，常常要应对风雨、搁浅、触礁等海上风险，古代科技不太发达，人们无法准确掌握相关技巧和知识以降低这些风险，只能将美好的期望寄托于精神层面的信仰上，以壮大持续作业的信心。

---

①陈耕：《闽南文化纵横谈》。

先是五代王延彬治理泉州期间，舍田施财，大兴土木，在青阳山建法云寺，在泉州城北山建福先招庆寺，在城南建教忠寺，在南安县（为高丽僧人元衲）建福清寺（今属鲤城区北峰镇）。王延彬崇信佛教，好谈佛理，礼敬僧人，尊泉州开元寺僧弘则为师，先后延请高僧来开元寺弘法传经，该时期大量的佛教寺院拔地而起。

随着航海业的持续发展，到宋代时，泉州地区不再是佛教一家独大，与海洋有关的道教，以及其他民间信仰集中出现，其中以九日山通远王、法石真武庙玄天上帝、泉州天后宫妈祖最具代表性。

南宋李邴在《水陆堂记》中载："泉之南安，有精舍曰'延福'，其刹之胜，为闽第一院。有神祠曰通远王，其灵之著，为泉第一。每岁之春冬，商贾市于南海暨番夷者，必祈谢于此。"过去海舶航行，基本依靠风力，春夏时东南季风起，海舶乘风南来进入刺桐港，至秋季，西北风起，再顺风南下。依靠季风为动力，也促使泉州市舶司将祈风作为例行的公事，每年商船扬帆启航之际，泉州郡守、市舶司有关官员及泉州知名人士，都要登上南安九日

九日山

山，在通远王祠祈风，祈求商船顺风得利。九日山至今仍保存有78方历代石刻，其中9处为宋代题刻，为宋代泉州官员在此祈风后留下的记录。

祭祀海神通远王的昭惠庙

通远王原本是乐山（永春与南安交接处）的一位山神，最初显圣地域在永春、南安交界山区。后来，随着刺桐港的快速发展，当时的民众不管是山林之请还是海上需求，祈之必应，久而久之便演变为海神，并被封为"通远王"，其后叠册至"善利广福显济"①。

玄天上帝，本为北方疆土的保卫神，传统上认为北方属水，因此玄天上帝也成为与水相关的神灵。玄天上帝信仰在北宋时期已经在泉州出现，当时泉州的法石建有玄帝庙，是泉州郡守望祭海神之所。② 玄帝庙，又称真武庙、上帝宫，主祀北极玄天上帝，配祀南、北斗星君、章平侯等，玄天上帝金冠绿袍，一手仗剑，

①民国《南安县志》。
②乾隆《泉州府志》。真武庙，在府治东南石头山上，宋时建，为郡守望祭海神之所。

一手按袍，一足倚椅翘起，一足平踏龟蛇。

法石真武庙

妈祖的原型是一位莆田湄洲岛的女子林默（960—987），相传其生前好行善、济世有功，死后颇多灵验，继而百姓立祠祭祀。妈祖成仙后的显圣，逐步扩大，并最终在莆仙地区广泛传播。宋代的莆田科举之盛，甲于八闽，众多莆田士子入朝为官，为妈祖奏请诸多封号，使之成为官方认可的海神。北宋宣和五年（1123）朝廷赐予"顺济"庙额，南宋绍兴年间（1131—1162）、淳熙年间（1174—1189），又先后赐予"灵惠夫人""惠灵妃"等封号。

莆田与泉州海陆接壤，宋代时语言、文化相通，在众多莆田籍泉州郡守的鼓励下，泉州很快便成为妈祖信仰最重要的中心之一，并随着泉州的对外交流而传播至世界各地。南宋庆元二年（1196），在泉州城南建起顺济宫（天后宫），泉州官方祭海的仪式慢慢转移至此，到了元代，妈祖已经正式成为泉州地区海上信仰的制高点。

泉州天后宫，主祀妈祖和千里眼、顺风耳两神将，并配祀众多神祇。在大殿东西两廊，有二十四司、玄天上帝、雷部毕元帅、王灵官、水德星君、孚佑帝君、四海龙王、五文昌夫子、何氏九仙、临水夫人、七娘妈、田都元帅、福德正神、福禄寿星等。

泉州天后宫

从泉州地区海上神灵信仰的发展脉络看，从祈风的通远王，到海洋祭祀的玄天上帝，再到海洋功能更为齐备的妈祖信仰，神灵在"海"的管辖范围越来越大，神力也越来越强。而从神灵的"神格"来看，从借用传统神灵的神力以祈求平安、顺风得利，到发掘土生忠孝仁义良好品德的人物营造"专业神灵"或"全能神"，闽南的民间信仰已经完全实现在地化的自我升华，这过程既有宣化榜样的作用，又有包容、创新的精神。

自"三王入闽"到宋末，大约400年的时间里，闽南人在物质、文化的演变上，从全盘拿来主义到创新改造走出去，从纯粹的山林之乐到纵横海上的尝试，从简单的农渔生产到出口商品加工，无不是从一穷二白的"化外之地"与"无助"，通过努力、坚持、包容和创新，逐渐构建起分工明确、层次分明、井然有序、极具生命力的经济链条和文化体系。

通过两宋的实践证明，"山"与"海"的协作，汉人与"畲"

"疍"的融合，官方的有为与百姓的上进互为促进，使得闽南可以在物质经济和海洋文化上表现出如此强大的生命力。而这种具有广泛适用性的物质文化基础，也成为闽南文化及闽南人性格最基本的组成，并贯穿其始终。不管其如何迁徙和演变，这些特点不止存在于厦漳泉的闽南人身上，更普遍存在于与之具有紧密联系的台湾、潮汕、汕尾、雷州等泛闽南语民系中，甚至也随着这些人远渡重洋而播迁至南洋和欧美。

第四章　元代刺桐港的畸形发展

　　闽南人性格的养成及闽南文化的升华，是历经唐宋元明不同社会环境的演变而最终实现的。五代倡佛，宋代尚儒，在闽南人的心灵深处，佛教、道教等信仰及儒家思想影响最深，这也是闽南语民系最基础的内涵；元代崇商，当闽南人平等的社会地位被破坏之后，有着深刻忠贞认知的闽南人便放弃学而优则仕的传统，转而将精力投向蓬勃发展的海上贸易经营中，从而锻炼了经商的能力。以元代为转折点，明代的闽南发生了翻天覆地的变化，为了应对这突如其来的骤变，闽南人将冒险、拼搏精神奉为至上，信仰在此时也从佛向道、民间信仰转变。

明清闽南民间信仰的代表：送王船

在明代，闽南人及闽南文化便完全定格，而闽南海洋文化更随之达到空前的高度。闽南人与海的情缘在千百年的实践中完成了由量变向质变的转化，从此闽南人真正告别"八山一水一分田"的桎梏，开始大规模地走向海洋：贩卖东西洋，东向过台湾，南向下南洋。

闽南海洋历史文化的发展，从宋入明，发生了坠崖式的转变，这种转变除了政权更替的影响外，也可以理解为港口性质和定位的改变。闽南海洋历史文化从产生之初便是基于平等的双方关系（闽南人与其他民系或民族），在融合过程中以不断提升和丰富闽南文化内涵为目标，兼容并蓄同向发展。但进入元代后，从元朝最高统治者到闽南地方官吏，到处充斥着等级之别。尽管在此期间刺桐港收获了有史以来最辉煌的贸易成就，但这些成就却是元朝蒙古人和色目人强化剥削和压迫统治的战利品，闽南百姓无法从贸易中获取经济和文化方面的升华，反之，这使得闽南人从宋代的耕礼种义向明代的轻生好斗转变。

在"因变而通"的发展过程中，闽南人通过不断创新、把握机遇，在进入明代后仍能成功转型，从而延续了闽南海洋历史文化的发展，同时也注入了新的内涵，这也是闽南文化能持续保持旺盛生命力的关键所在。

第一节　蒲寿庚与刺桐辉煌

宋元时代泉州刺桐港的成功与巅峰，在很大程度上应该归功于朝廷开放、包容的态度，以及大胆起用波斯人和阿拉伯人直接参与管理与经营的魄力，这也是闽南文化与域外文化直接碰撞所带来的海洋文化的升级与繁荣。

南宋时期，由于大量的番商来华贸易、定居，所以当时泉州已有"回半城"和"蒲半街"一说。当时的闽南人，把众多的外国番商统称为"色目人",而蒲寿庚则是"色目人"当中的佼佼者。蒲寿庚被宋朝廷破格起用,于淳祐十年至十二年(1250—1252)任泉州提举泉州市舶司。越是强盛的国家,对外开放的程度就越大,宋政府任用蒲寿庚这样的外国人掌管泉州的贸易和海关大权,是很有气魄的。

蒲寿庚(1205—1290)是宋末元初时期回族"番客"的代表,也是个有待考证且有争议的历史人物,但可以肯定,他是阿拉伯人的后裔,早年随着父亲移民到泉州从事着香料买卖。蒲寿庚有经商的天赋,且通晓多国语言,生意越做越大,并且利用自己阿拉伯人的身份,凭借熟悉海上交通的优势,广招番商来泉贸易。所以蒲寿庚不仅靠经商而富,甚至还拥有自己的武装力量,用来保护自己船队的航行安全。

《福建通志》所载,宋时泉州共发生海寇侵犯泉州的事件多起,而此时的蒲寿庚只不过是个小商人,但却拥有带有武装性质的商船队。咸淳十年(1274),海寇袭泉州,官兵无能为力,蒲寿庚与兄蒲寿宬(晟)为保护家族的利益不受到海寇的影响,凭借其强大的海上力量,帮助官兵击退了海寇。蒲寿庚因剿匪有功,而被宋朝廷授以福建安抚使兼沿海都置制使,执掌福建兵事民政要职,权倾一时。直至后来,不管其任提举泉州市舶司与否,蒲寿庚均能"擅番舶利者三十年",可见蒲寿庚势力之强大。

蒲寿庚亦官亦商,官商合一,可以凭借权力更大规模地开展香料贸易和扩大海商集团,并利用特权建立自己的海上船队,成为当时泉州港对外贸易当中的领军人物,故而可以总揽泉州的海上交通贸易大权达30年之久。

但当蒙古军队南下攻打泉州城的时候,蒲寿庚却见风使舵,做出了弃宋降元的决定,从而被元朝政府任命为闽广都督兵马招讨使。宋元交际也因为战乱,海外贸易大伤元气,因此元政府充分利用蒲氏的人脉和能力,继续招谕舶商,恢复通商。蒲寿庚弃宋降元的行为，使闽南地区又一次消除了兵戈，避免了百姓的生灵涂炭。从这一角度来说，蒲寿庚便是顺应了时代的潮流，延续了闽南的繁荣。

剌桐港继宋之后，在元代时期一跃而成为世界第一大港，是元朝和蒲寿庚双方利益交集的共同结果。因为和平演变，泉州在海上贸易的经济链条仍然保存完好，士农工商除了士族归隐乡里或跟随宋帝南移外，其他百姓大多操持旧业，泉州海洋经济仍有复兴机会。而元朝初期因连年用兵，国库空虚亟须税金的补充，于是蒲寿庚和元朝政府在泉州的未来策略上达成了共识。元军在南方的大将董文炳甚至以兵符授以蒲寿庚，"泉州蒲寿庚以城降，寿庚素主市舶，谓宜重其事权，使为我扦海寇，诱诸蛮臣服，因解所佩金虎符佩寿庚矣①"，足见元人对蒲寿庚信任之深，用其之切。

"至元十四年，（忽必烈）立市舶司一于泉州，令忙古领之。立市舶司三于庆元、上海、澉浦，令福建安抚使杨发督之"，"其发舶回帆，必著其所至之地，验其所易之物，给以公文，为之期日，大抵皆因宋旧制而为之法焉②"。元朝在市舶司设定方面，基本采用宋制，且沿用了以剌桐港为主港的策略，这和泉州举城投降，且投诚者为色目人蒲寿庚关系密切。

至元十五年（1278），忽必烈"诏蒙古带、唆都、蒲寿庚行中书省事于福州，镇抚濒海诸郡"，并特别嘱咐唆都、蒲寿庚二人，"诸番国列居东南岛寨者，皆有慕义之心，可因番舶诸人宣布朕意，诚能来朝，朕将宠礼之。其往来互市，各从所欲"，并诏令"参知政事唆都、蒲寿庚并为中书左丞"，"军前及行省以下官吏，抚治百姓，务农乐业，军民官毋得占据民产，抑良为奴"，于是蒲寿庚开始了轰轰烈烈的泉州兴港计划。

---

①宋濂：《元史》卷一百五十六，《董文炳（士元 士选）》。
②宋濂：《元史》卷九十四，《食货二》。

色目人在泉州的文字碑刻遗存

至元十六年（1279），因南宋张世杰及闽西南畲民起义军的影响，刺桐港经济链条出现不稳定的迹象，元朝也意识到单纯扩大外需并无法提升税收，因此拒绝了蒲寿庚"请下诏招海外诸番"的要求，而转为扩大内部生产力，"诏谕漳、泉、汀、邵武等处暨八十四畲官吏军民，若能举众来降，官吏例加迁赏，军民按堵如故"，"以泉州经张世杰兵，减今年租赋之半"①，如此一二，元代初期闽南海洋经济终于有了重整旗鼓的机会，而泉州刺桐港也迎来了更上一层楼的辉煌。

在蒲寿庚的番商招揽和元朝疆界拓展的双方作用下，刺桐港的贸易范围更较宋代有了明显的扩大。根据《岛夷志略》前99条的记载，汪大渊共两次随海舶从泉州出发，历遍海外220个地

①宋濂：《元史》卷十，《世祖七》。

区，涵盖了亚非两洲，地跨印度洋和太平洋，甚至有人认为他到达了大西洋[1]。泉州与海外贸易所涉及的货品品类更是惊人，有300余种，其描述的海外情景除了亲身所见之外，也带有极深刻的认知，显然这些地方与当时泉州人的交往定然不浅。以大宗商品陶瓷为例，在《岛夷志略》前99条中就有47条陶瓷记录，其类型包括粗瓷、青瓷器、青白瓷器及青白花瓷器等，器形有粗碗、壶、瓶、罐、碗、瓮、瓦盘等，远销区域分属于今日的日本、菲律宾、印度、越南、马来西亚、印度尼西亚、泰国、孟加拉国、伊朗等国家[2]。

至于泉州刺桐港的繁华程度，因文献的缺失，我们很难具体还原，仅从马可·波罗的游记中管窥一二，"刺桐是世界最大的港口之一，大批商人云集于此，货物堆积如山，买卖的盛况令人难以想象"，"大汗从福州总管的辖区内（闽省九大地区之一），所获得的巨大收入和从京师所得的一样多"[3]。

元代吴澄在《送姜曼卿赴泉州路录事序》也提到了国人印象中的泉州，"泉，七闽之都会也，番货远物，异宝珍玩之所渊薮，殊方别域富商巨贾之所窟宅，号为天下最"[4]。

元朝大德年间，泉州人庄弥邵在《罗城外壕记》中如此描述，"四海舶商，诸番琛贡，皆于是乎集"[5]。

阿拉伯旅行家伊本·白图泰从海上登陆泉州时，眼前的泉州让他颇为振奋，"刺桐为世界上各大港之一，由余观之，即谓世界上最大之港，亦不虚也。余见港中，有大船百余，小船则不可

---

[1]熊程、夏荣林：《〈岛夷志略〉版本略述》，《牡丹江师范学院学报（哲学社会科学版）》，2015年，第1期，第76—79页。

[2]孙琳：《浅析〈岛夷志略校释〉中的陶瓷器》，《科教文化》，2011年，第17期，第158页。

[3]马可·波罗，梁生智译：《马可·波罗游记》，中国文史出版社，1998年。

[4]吴澄：《草庐吴文正公全集》。

[5]乾隆《泉州府志》卷十一，《城池》。

胜数矣。此乃天然之良港，为大海伸入陆地，港头与大川相接。城内，每户必有花园及空地，居屋即在其中矣"①。

刺桐港的繁荣，较之宋代更具国际视野，特别是元朝打通了欧亚大陆和印度洋、太平洋海路后，使得天下物资通过陆海两个通道在元大都聚集，而中国南北的统一也极大地促进了中国内陆漕运的发展。这使得刺桐港在接收海上物资后能以最便捷的方式通过海运、水运送达大都，同时通过陆域商道分散至内陆，更重要的是这些通道是双向的功能，除了销售商品外，也方便了泉州外贸商品的集中，从而形成一个分工明确、定位分明的商品经济链条，刺桐港便是链条的中心，而波斯人、阿拉伯人便是其中关键的掌舵者。

第二节　色目人的统治

元代泉州繁荣的背后，有形与无形中存在的不平等的群体地位和待遇也为泉州的发展埋下了定时炸弹。在元代的整个统治时期，尽管并未出现直接的民族等级划分，但在元朝的律法、科举取士、官员任命等方面却将之表现得淋漓尽致。这种在闽南，乃至全国实行的等级制，在将刺桐港推向巅峰的同时，也渐渐将之引向覆灭的深渊。

魏源在咸丰三年（1853）完成的《元史新编》中总结性地阐述了明人对元代等级制的说法，"明人好訾前代，每谓元起朔方，混一中夏，创制显庸，以辽金新附者为汉人，以宋人为南人，以此用人行政皆分内外三等。内色目而疏中原，内北人而外汉人南士"。日本史学家箭内亘在1916年刊载的《元代社会的三等级制》中首次提出了元朝政府实行的"三等人制"：蒙古、色目和

---

①周中坚：《梯航万国誉播遐方——元代泉州港的极盛》，引自张星烺：《中西交通史料汇编》第二册，中华书局，1997年，第75页。

汉人。然而在中国乃至世界，真正流行的观点是清末民初学者屠寄在其著作《蒙兀儿史记》中提出的等级划分，"于时大别人类，为四等，曰蒙兀，曰色目，曰汉人，曰南人"。①

原属于南宋辖域的泉州，尽管当时的最高长官、色目人蒲寿庚，以拒纳并杀害南宋皇室、举城投降的形式投元，保住和延续了泉州刺桐港的繁荣，但依然没能改变当地闽南人深陷末等人群的命运，甚至因当地色目人地位的不断提高与争权夺利的进行，反而使得泉州色目人与闽南汉人之间的阶级分化明显及矛盾不断升级、加剧。

泉州色目人群体早在元代统治之前便已存在，据赵彦卫《云麓漫钞》记载，宋宁宗开禧年间（1205—1207）以前，大食、波斯、三佛齐、占城、高丽等30多个国家和地区的商船便已造访泉州进行贸易并暂居或定居于此②。而最终奠定元代东方第一大港地位者便是弃宋投元、因平寇有功而入主泉州市舶司的回回人蒲寿庚。也是从南宋末年起，以蒲寿庚为首的色目人，开始在泉州市舶司崭露头角并占据绝对的权力中枢。

据乾隆《泉州府志》卷二十六记载，有元一代担任泉州市舶司提举及同提举的色目人共18人。色目商人在元代社会中，以其高地位、熟知域外地理、擅长航海等优势，不但控制了泉州市舶司和海上贸易活动，而且垄断了刺桐港腹地商品经济链的关键节点。元末诗僧释宗泐在《清源洞图为洁上人作》中就提到了色目人海上活动的盛景，"泉南佛国天下少，满城香气栴檀绕。缠头赤脚半番商，大舶高樯多海宝"③。

---

①杨晓光：《对元代"四等人制度"说法来源的考辨》，《兰台世界》，2015年，第9期，第52—53页。
②③修晓波：《元代色目商人对泉州港的经营》，《中国边疆史地研究》，1995年，第2期，第17—19页。

元代泉州市舶司提举及同提举色目名单①

序列	色目人名	任职时间	序列	色目人名	任职时间
1	马合谋	大德年间	10	暗都剌	—
2	沙的	至大年间	11	忽都鲁沙	—
3	海寿	至大年间	12	回回	至正年间
4	赡思丁	—	13	乌马儿	大德年间
5	木八剌沙	延祐年间	14	马合麻	至治年间
6	哈散	延祐年间	15	怯烈	—
7	倒剌沙	至治年间	16	怯来	—
8	八都鲁丁	—	17	马合马沙	—
9	亦思马因	—	18	忻都	—

正因为有着良好的经济底子及色目人稳固的执政基础，泉州在元代成了官府重点经营的港口。除了贸易赋税之利外，泉州事实上还是元朝对内镇压、对外征战的窗口。在元朝统治的近百年里，泉州共经历八次设省和废省，前期，福建与江西抗元斗争不断，为确保海外贸易不受破坏，福建行省省治在泉州与福州之间频繁更换；大德年间，为对琉球进行征伐而设泉州行省；至正年间，受太子内禅及江南起义影响，元朝为确保泉州课税顺畅及保持统治权，再次设省。②

尽管色目人已经掌握了泉州的贸易经济大权，但最高长官方面仅蒲寿庚在泉州设置行省时短暂担任过平章政事，其他大部分

①修晓波：《元代色目商人对泉州港的经营》，《中国边疆史地研究》，1995 年，第 2 期，第 17—19 页。

②吴幼雄：《元代泉州八次设省与蒲寿庚任泉州行省平章政事考》，《福建论坛（人文社会科学版）》，1988 年，第 2 期，第 43—46 页。

色目人墓葬遗存

时候仍是蒙古人主导。蒙古人为了确保自己在泉州占有绝对领导权，除了重用色目人外，还在驻扎军队方面做了相应改革。

　　至元二十二年（1285），元世祖忽必烈对江南地区的蒙军、汉军及新附军，进行一次大规模的改编：设上中下三万户府，计三十七翼，其中上万户府管军七千以上，中万户管军五千以上，下万户管军三千以上。泉州以其地位之重要性，在原南宋军队左翼军基础上集合扬州合必军等客兵改编为左副（翼）新刷土军万户府，并调入湖州（翼）万户府，计有两个万户府的兵力。各万户府设达鲁花赤、万户、副万户各一员，经历、知事、提控、案牍各一员，其他依例若干。湖州（翼）万户府在元代已知的最高长官达鲁花赤共有两名，均为蒙古人，分别为孛都鲁和赤干①。这些军队牢牢掌握在蒙古人手中，也成了蒙古人统治泉州的基本保障，这也是蒙古人敢放权给色目人的筹码。

但到了元代后期，随着元朝内部腐败的蔓延及闽南农民起义的加剧，泉州阿拉伯人、波斯人为保障自己的财产和人身安全，也组建了由自己控制的以阿拉伯人和波斯人为主体的雇佣军，其中以亦思巴奚军最为著名。亦思巴奚军，在形式和人数上与湖州（翼）万户府相仿，至少设有万户一名。随着亦思巴奚军的崛起，至少在至正年间，色目人已经获得实质上的泉州军事统治权，泉州也因此开始进入风雨飘摇的动荡时期。

第三节　闽南人的灾难

色目人在闽南地区发起的亦思巴奚之乱，并非《元史》所说的"叛据泉州"，而是在蒙古不同派系统治者默认和支持下的一次内部洗牌，而洗牌的根本原因是色目人自己的信仰冲突②。

泉州色目人主要以波斯人和阿拉伯人为主，他们虽然都是伊斯兰教徒，但在派系上却分属于什叶派与逊尼派。从蒲寿庚开始，元代早中期泉州刺桐港的治理权一直掌握在逊尼派手中，到了至正十七年（1357），掌握了亦思巴奚雇佣军控制权的什叶派万户赛浦丁及阿迷里丁终于找到了机会，以武力手段抢夺了泉州的政治、经济大权，并设法控制了泉州湖州和左副两个万户府军。

至正十九年（1359），赛浦丁率领部分亦思巴奚军联合兴化

---

①陈丽华：《元代镇戍泉州的万户府及其职官探析》，《闽南师范大学学报（哲学社会科学版）》，2018年，第2期，第91—99页。

②张忠君、兰陈妍：《世论元末思巴奚战乱的性质》，《黔东南民族师范高等专科学校学报》，2003年，第5期，第22—23页。

行省的安童、三旦八北上攻打福州。通过扶持普化帖木儿实现了掌控福州军政大权的目的，赛浦丁也因此驻军福州，从而使亦思巴奚军控制了福建一南一北两个最大的城市。

随后，亦思巴奚军与兴化势力发生正面冲突，阿迷里丁遂率所部围攻莆田，在破城之后纵兵烧杀抢掠月余，使得莆田百姓苦不堪言，各地方豪族纷纷组建民团自保和反抗，从而间接导致了兴化路陈、林两大家族持续多年的内讧。泉州和兴化两地色目人与闽南人的矛盾由此升级并浮出水面。

至正二十年（1360），就在阿迷里丁进攻兴化之时，原市舶司提举蒲寿庚的孙婿，逊尼派穆斯林那兀纳纠集旧部在泉州发动兵变，袭击并杀死了阿迷里丁，"并将穷其党"，从而使逊尼派重掌泉州军、政、商大权，且彻底清除了什叶派的残余势力。此役中，那兀纳并不只是针对什叶派，"州郡官非蒙古者皆逐之，中州士类皆没"，显然，那兀纳仍然在蒙古人的统治下维持着同等信仰的色目人的权利。

随着赛浦丁在福州的持续失利，那兀纳日趋膨胀，他加紧聚敛财富，愚弄百姓，甚至多次抵抗元朝廷的命令和任命，特别是直接与奉元朝皇太子之命来福建设置兴化、泉州分省的观孙发生冲突，致使其被迫离职。

得势的那兀纳在稳住了泉州统治后，继续派遣亦思巴奚军攻打兴化，再次激起兴化百姓的愤慨，最终福建行省紧急向陈友定发出求救。陈友定派其子陈宗海，在什叶派穆斯林金吉的接应下收回泉州，从此前后持续了十年的亦思巴奚战乱终于在元朝汉人官军的镇压下正式结束。在此十年中，福、兴、泉三路最受影响，其社会秩序、经济生产和百姓生活受害尤为严重。

从阿迷里丁到那兀纳，色目人在泉州城的放纵并非"即兴而起"，早在蒲寿庚据有泉州时，便显露出骄奢之态，并埋下了隐患。今日泉州的涂门街，旧称蒲半街，在元代，这里住着大量的蒲氏家族人员，街上有一处棋盘园，那正是蒲寿庚当年下棋的地方。据传，蒲寿庚会坐在阁楼上与他人对弈，阁楼之下为石埕做成的棋盘，棋盘上的每一个棋子都以妙龄女子为代，扮将扮相扮车马炮等，蒲氏每下一子，阁楼上便有侍从指挥女子挪动。蒲氏鱼肉百姓如此，岂能不令人心生怨恨！

根据《清源金氏族谱》所附之《丽史》记载，那兀纳在泉州当政期间，"既据城，大肆淫虐，选民间女儿充其室，为金豆撒楼下，命女子攫取，以为戏笑。即乔平章宅建番佛寺，极其壮丽，掠金帛，仟贮积其中。数年间，民无可逃之地，而僧居半城"。作为蒲寿庚家族统治的延续，那兀纳算是狂妄到了极致，以致泉州百姓恨之入骨，"元君制世，以功封寿庚平章，为开平海省于泉州。寿㕡亦居甲第，一时子孙贵显冠天下，泉人被其薰炎者九十年"。[①]

就在那兀纳用兵兴化之时，泉州人看到了翻身的机会，明代李墀《元武略将军——庵金公传赞》提到，"行者上其事，檄福州军校及泉之浔美（今厦门集美）场司丞陈弦，丙洲（今厦门同安）场司丞龚名安，合兵讨之"。为保一举得利，陈弦亲自找到泉州西门守将金吉以为内应。于是，陈弦、龚名安率军师利进入泉川，"是役也，凡西域人尽歼之，胡发高弃有误杀者，闭门行沐三日，民间秋毫无所犯"……

从南宋德祐二年（1276）宋端宗一行"欲做都泉州"遭遇蒲寿庚背叛和驱逐，到元代至正二十六年（1366）陈弦等泉州人生擒那兀纳并杀尽色目人。90 年的时间里，从张世杰"欲得蒲寿庚而甘心"到泉州百姓"发蒲贼诸塚"，再到后来洪武七年（1374）"独蒲氏余孽悉配戎伍、禁锢，世世无得登仕籍"，泉州百姓的压抑和屈辱最终演变成对泉州色目人的赶尽杀绝。"州人舞蹈欢快，

---

①官桂铨：《新发现的明代文言小说〈丽史〉》，《文献》，1993 年，第 3 期。

若获更生"的同时，则是将泉州港维系数百年繁荣的海外贸易付之一炬，番人因惧怕遭受伤害，连夜驱船出海。原本灵樯千艘，雷辐万乘的刺桐港一下子沉寂如空，就连破敌有功的金吉也只能"报籍晋江南隅"平静隐匿度日，其事迹更是"志郡史者，不为公传，而附见于陈弦及《清泉丽史》"。

只道是冤冤相报何时了，一江晋水源断了。

第四节 刺桐港的衰亡

番人与番舶的离去，让更多的闽南本地商人惶惶不可终日，他们经商的角色屡屡被百姓视作色目人的重现，于是商人弃商，商铺闭户，船夫上岸，海舶停航，一切便都开始萧条黯淡了。刺桐港的衰败，对闽南来说是致命的，甚至深度影响了闽南在后来数百年的走向，但这种变化并非闽南地区所特有，而是整个大环境的变天。随着元朝廷内讧的加剧，全国各地掀起了轰轰烈烈的农民起义。闽南地区压抑了 90 多年的愤慨在瞬间爆发，既有一雪宋耻的国恨，又有挣脱压迫的家仇。

因此，这场因宗教派系、权力、钱财之争所引发的亦思巴奚战乱绝非导致刺桐港衰败的根本原因。它只是一个导火索，撕开了闽南地区毫无群众基础的等级统治枷锁。从此之后，泉州地区的百姓不再信任番人，各地掀起抵抗、驱逐番人之风，甚至草木皆兵，以至于在这之后番人隐姓埋名，外舶不敢靠岸。原本依靠港口贸易发展了数百年的泉州海洋经济链条，在百姓杯弓蛇影中慢慢断裂。而失去营生手段的百姓只好回归自给自足的农耕生活，但由于地少人多，又迫使泉州百姓只能另谋生计。因开垦山田导致晋江淤积，因粮食供不应求迫使泉州人走四方，这一切的变故，从刺桐港开始，如蝴蝶效应一般深度影响了整个东南沿海，也间接造就了今日环南海闽南语民系广泛分布的现象。

宋元交替之时，泉州以相对和平的方式延续着城市的发展，但这并不代表着泉州能将宋代的繁荣保持下去。据《泉州市志》[①]载，南宋淳祐年间（1241—1252）泉州户口共有 255758 户，计132.99 万人，为泉州历史之最。但仅仅在 20—30 年后的元至元八年（1271），泉州户口则锐减至 158800 户，81 万人，人口数减少了 39%，显然宋元政权更替，对于曾经文化昌盛的泉州来说，仍然是致命的打击。

至正二十六年（1366），"得行省讨捕番寇之文"的陈友定派其子攻打泉州时，意外获得当地百姓的蜂拥协助，"所在农民以锄挺乱杀"，那兀纳所领导的蒲氏势力在此役中被彻底瓦解，而因此受到牵连的则是在此经商、定居多年，甚至上百年的千万色目人，甚至由色目人营建的清真寺、墓地、其他建筑以及与色目人合作经商的本地闽南人都未能幸免[②]。

泉州清净寺

---

① 泉州市地方志编纂委员会：《泉州市志》，中国社会科学出版社，2000 年。
② 修晓波：《元代色目商人对泉州港的经营》，《中国边疆史地研究》，1995 年，第2 期，第 17—19 页。

留存至今的清净寺算是其中的侥幸者，但这种侥幸却是源自官方的有意维护，否则片瓦都无从存留。明永乐五年（1407）朱棣敕谕，"大明皇帝敕谕米里哈只：朕唯能诚心好善者，必能敬天事上。劝率善类，阴翊皇度，故天赐以福，享有无穷之庆。尔米里哈只，早从马哈麻之教，笃志好善，导引善类；又能敬天事上，益效忠诚。眷兹善行，良可嘉尚，今特授尔以敕谕，护持所在。官员军民一应人等，毋得慢侮欺凌者，敢有故违朕命，慢侮欺凌者，罪之！故谕。永乐五年五月十一日"。①

元末泉州的民愤已经不是单纯的反抗一方势力，而是发自内心、全民性的报复，留有余力者趁夜驾船离去，家无余资或无人协助者只能束手就擒，或隐姓埋名避居他乡。蒲姓后人此后纷纷避居永春、安溪、晋江东石一带，改姓卜、杨、吴等。如蒲家仆人王福，抱数月婴儿蒲本初，逃依晋江东石古榕杨氏母家，其后裔灯号为"榕杨传芳"；晋江陈埭丁氏，据《丁氏族谱》载，其一世祖赛典赤瞻思丁"自苏货贾于闽泉"，居泉州城南文山里，元末之乱时，"植业于城南之陈江"，改姓"丁"。

一切番商贡使，在听闻或亲身经历泉州排外事件之后，更是担惊受怕，宛如惊弓之鸟，特别是在这之后仍然断断续续发生的击杀色目人案件，更使得外商不敢登陆刺桐港。

明永乐六年（1408），本是泉州贸易常客的渤泥国国王麻那惹加那加与王妃、世子来朝，特别绕过泉州选择在福州上岸，再辗转抵达南京。永乐十八年（1420），古麻剌朗国王斡剌义亦敦奔，率王妃、世子及陪臣，亦是在福州靠岸。如此种种，泉州百姓的拒人门外与对外番的杯弓蛇影，共同导致了刺桐港贸易的衰退②。

明代初年，尽管明朝重新在泉州设置了市舶司，但是基本成

①②朱维幹：《福建史稿》，福建教育出版社，1984年，第483－485页。

了摆设，以至于到了成化八年（1472），福建巡抚副都御史奏请
将之迁设于福州。从此，泉州的海外贸易活动宣告停止，风风火
火数百年的刺桐港正式告别历史舞台。

　　刺桐港在元末明初的命运，真可谓"屋漏偏逢连夜雨"，既
有因战乱引发的民族矛盾的影响，又有地质环境变化引起的沧海
桑田。从 1940 年开始，福建沿海进行了诸多地质调查，结果显
示，福建海岸在漫长的地质演变中整体呈现先下降再上升的趋
势，上升的海岸在特征上表现为：（1）海岸直且港湾少，港内水
浅；（2）滨海平原广阔，岸边多泥沙少石；（3）近海少岛屿，或
岛屿高度低多沙少石。[①]

淤积的泉州洛阳桥

　　①李仲均、王根元：《晋江口海岸线变迁与泉州港的衰落》，《地球科学——武汉地
质学院学报》，1984 年，第 3 期，第 157－162 页。

　　福建拥有全国第二长的海岸线，以此观之，整体上表现为多港湾多岛屿多石头的形貌，其海岸应以下降地貌为主。但对于省内沿海四大平原来说，却是相反的结果，特别是晋江与洛阳江交接的泉州平原和九龙江西溪、北溪交汇处的漳州平原尤为明显。如晋江市多有高出地面十米左右的泥沙台地，其砂质含有贝壳之类的海中物质，显然是海底上升的产物；晋江市之龙湖、虺湖，面积大且呈现不规则形貌，距离海岸较近，也可能是海岸上升的产物；从莆田到诏安，除了湄洲湾、厦门湾、古雷港具备深水海港条件外，其他港湾多为泥泊浅水湾区，若无大江入海，其海岸停靠大船的能力都十分有限。以此判断，泉州刺桐港属于上升海岸形貌，并不具备深水港的条件，加上元末明初以后，晋江沿岸沧海桑田的变化更带来了不可逆转的河道上升，如此种种是有可能影响明代以后大型船只的游弋与靠岸的[①]。

　　晋江出海口船舶停靠条件的逐渐恶化并非完全是地质问题，刺桐港的急速衰落除了外舶离去这一主因外，还有人为生态破坏的次要因素影响。在五代以前，晋江中下游地区仍是草木繁盛之地，元末以后，由于树木的随意砍伐、木炭的烧制以及林地的开垦，加上宋元时代发达的海上贸易诱发的烧窑、造房、挖矿、冶炼等工业发展，致使晋江沿岸植被大受破坏，从而引发严重的水土流失。以含沙量计算，晋江为闽江的 2.6 倍，九龙江的 4.8 倍，为全省第一，可见其破坏之重[②]。

　　1974 年，省文物工作者在泉州后渚港发掘出一艘南宋末年的木制海船，根据地质层测算，700 年来后渚港地壳上升了 1 米，港中沉积了 3.2 米厚的淤泥，发掘时船身深度为海滩以下 2 米，由此可知后渚港在宋末元初的深度约为 7 米，根据其水深条件停泊当时的大船绰绰有余。但到了元末，晋江出海口水道的淤积似

　　①②李仲均，王根元：《晋江口海岸线变迁与泉州港的衰落》，《地球科学——武汉地质学院学报》，1984 年，第 3 期，第 157－162 页。

乎已经成为趋势，特别是晋江两岸原本从事海上贸易、商品制造的手工业者，在规模性地转为农耕时，瞬间所带来的晋江水土流失，是加剧晋江淤积的一大外因①。

但从后来九龙江口月港发迹的现象看，港口淤积绝对不是刺桐港败落的主因，它不过是压倒刺桐港的最后一根稻草。

第五节　闽南人走四方

回归农业的泉州，已然不是五代以前世外桃源般的清源郡，习惯了浙米广粟、饱食衣暖的泉州人及刺桐港海洋经济链条上的闽南人，甚至福建人，实在无法承受饥肠辘辘的日子。元末明初的战乱对于泉州人口的影响远不如生活困顿所带来的冲击大，于是，一场不逊色于走西口、闯关东、下南洋的"闽南人走四方"开始了。

元朝末期的至正年间（1341—1368），泉州路辖境未曾增减，但户口已减为 89060 户，45.55 万人，人口数较元朝初期的至元八年（1271）减少了 44%；到明洪武十四年（1381），户口继续减至 62471 户，35.11 万人，嘉靖四十一年（1562）更是降至 16.99 万人②。

如果只是单纯地认为，泉州刺桐港的衰败是亦思巴奚兵乱的直接影响，那么泉州从元末至明中期人口的大衰减，显然无法得到合理的解释，这些消失的人口除了少部分是葬身于倭寇、山贼的屠刀下外，其实大多加入了走四方的行列。

作为闽南的另一员，漳州在元朝末期的口数为 10.13 万人，仅为泉州同期的四分之一；到了明弘治十五年（1502）则增长至

---

①李仲均、王根元：《晋江口海岸线变迁与泉州港的衰落》，《地球科学——武汉地质学院学报》，1984 年，第 3 期，第 157－162 页。

②泉州市地方志编纂委员会：《泉州市志》，中国社会科学出版社，2000 年。

26.66 万人；嘉靖三十一年（1552）为 32.43 万人，为泉州的近两倍①。漳州人口的增长，除了稳定的社会环境外，有相当大的增长来自刺桐港海洋经济链条移民的贡献，而泉州、兴化以及漳州作为经济链条上的主角及移民的输出地，并不只是区域内互相渗透，更远播至潮汕、海陆丰、雷州半岛、海南岛等，更有甚者漂洋远游至东南亚。

　　刺桐港经济链移民的到来，为移民目的地引入不可小觑的海洋文化意识，使得他们在明中期以后的生产、生活行动中，带有极强烈的海洋性。特别是他们通过海路所到达的区域几乎是清一色的沿海地区，这也为明代中后期闽南的海洋文化重新崛起注入了连续的海洋基因。

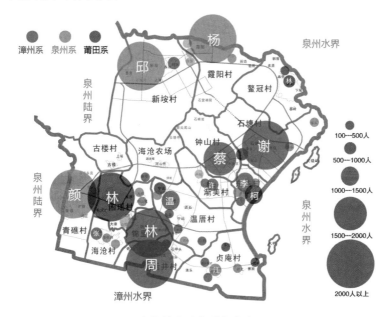

海沧姓氏的来源与分布

①漳州市地方志编纂委员会：《漳州市志》，中国社会科学出版社，1999 年。

以明代中国第一港所在地海澄县为例，海澄县占据了九龙江最佳的江口位置，江南为月港，江北为三都（今厦门市海沧区海沧、嵩屿、新阳街道，泛称"海沧"），海澄县令梁兆阳在《三都建义仓奏记》中如是描述海沧，"澄地为漳门户，治之北有隔衣带地，周环四十里许，年所征赋于澄籍居十之三"[1]，海沧在人口、面积方面约占海澄县的三分之一，是明代月港极重要的组成部分。目前海沧各自然村中，人口超过 500 人的同宗姓氏计有 20 个，属元至明初开基者多达 15 个，占总数的 75％，其中来自泉州的有 5 个，漳州 6 个，兴化 4 个，这些姓氏也是明代中后期参与月港通番贸易的主角[2]。

另据广东揭阳县计划生育办公室 1985 年对全县 236 个村建村及始祖迁入时间的调查统计结果，明代创建的村落数量为 107 个，其中来自福建移民者占三分之二。另据《浮洋镇志》载，广东潮安县浮洋镇共有 94 个自然村，明初至嘉靖以前建村者计 53 个，明确由福建迁入者有 30 个，扣除未知迁入地 11 个，在该时期由福建迁入浮洋镇的比例为 71％。可见，在元至明初，潮汕地区最主要的人口输入地为福建，而这些福建人中又以兴化、泉州、漳州为主流。[3]

闽南人及闽南文化，从五代成型以来，一直以其融合性、创造性、海洋性、主动性见长，在穷山恶水之间，能充分利用不同的自然条件与人的主观能动性的有机结合，颇有前瞻性地开创了陆海之间协调发展的海洋文化。这种文化在历史的发展过程中被证明是适用的、有生命力的，特别是通过百姓的辛勤劳动，制造出有针对性的商品，通过有分工的商品集散、传输、销售，形成

---

① 乾隆《海澄县志》。
② 廖艺聪：《海沧姓氏源流》，厦门大学出版社，2016 年。
③ 谢重光：《闽南对潮汕的人口和文化的输出与潮汕地区的福佬化》，《闽南文化的当代性和世界性论文集》，第 182—190 页。

满足需求者与供应者双方要求的经济链条，从而实现了商品的海上贸易。闽南海洋历史文化便是以海上经济链条为基础，在闽南人的不断创新下逐渐形成和完整化的。

自从刺桐港番舶不再入港，宋元时代形成的闽南海洋经济链条开始断裂，以海洋经济为支撑的闽南人及闽南文化也相应地走到了崩溃的边沿。那些曾经创造了辉煌的经济和人文的闽南人失去了营生的手段后，被迫走向四方，没有人的闽南海洋文化似乎已经不堪一击，岌岌可危。

令人振奋的是，闽南人在元末的内忧外患和明初海禁政策的双重打击下，竟然仍然可以从困境中突围，以全新的面貌开创了完全不同于宋元时代刺桐港的海上传奇，而接下闽南海洋文化大旗的则是闽南三个流域文化中的另两个：九龙江和漳江，即今日的漳州和厦门所辖之境。

这种突围，是情理之中，也是意料之外。事件的起因，应从闽粤赣交界的农民起义说起：从宋元交替开始，以张世杰抗元为触发点，整个闽西南畲民、汉民起义不断，动乱甚至一直延续至明代早中期，最终在王明阳的手中得到平息。为了让整个闽粤赣交界安定，王阳明奏请在三省的混乱中心各设置了福建平和县、江西崇义县、广东和平县，仅从县名上便可窥见其设县之初衷。平和设县伊始，随王阳明平乱的江西籍官军部分落籍平和，他们中的部分人从景德镇带来了烧制青花瓷的技艺，并很快地使之在平和生根发芽。

正当朝贡贸易走向末路之时，正德年间意外进入九龙江口的葡萄牙人在龙溪沿海遇见了精美的青花瓷，青花瓷被葡萄牙人带到欧洲后受到疯狂的抢购，一度消失的东方神器在欧洲再次掀起狂潮。显然，那个时代的西方人，对瓷器的喜好已经从青白瓷转向了青花瓷。于是葡萄牙人开始疯狂地采购青花瓷，而闽南人，特别是九龙江口和漳江流域的漳州人抓住了这个契机突破海禁，近乎疯狂地下海通番赚取高额利润。

利益的驱使，以及不断增长的人口压力，迫使更多的闽南人加入海上走私贸易及其配套环节中，从生产、加工、美化，再到商品的汇集、运输、销售等，闽南人重新架构了海洋经济链条，这是完全不同于宋元时代刺桐港浓厚官方背景的模式，明代的经济链带有明显的民间自发成分，甚至是与官军政策和行动背道而驰的。

明代的漳州海上通番贸易，是闽南人挣脱海禁，寻求贸易自由的尝试，在与海洋不断斗争的过程中，大量的百姓命丧大海，甚至落籍他乡。因为无助，也因为自强，他们在与海搏斗的过程中形成了独具特色的信仰及风俗，也通过实践，掌握了先进的航海技术和造船技艺，这些内容都是闽南人融入海洋中的创造，也是闽南文化不断进步发展的新生力量。

正因为闽南人的努力，使得明朝在隆庆年间终于看到海洋贸易对帝国稳定的积极作用，最终局部开放了海禁，从而为闽南海洋文化在万历以后的高潮提供了基本的政策保障。

第五章 海禁与通番

第一节 海禁与朝贡贸易

有人说，中国历朝历代得国最正者当属汉与明，他们都是农民阶层起义推翻暴政的典型，而明朝尤为突出。正因如此，朱元璋深刻感受到封建帝国劳苦大众的艰辛，也十分了解农耕文明之下的中国应选择何种发展方向。特别是在经历了元朝不同等级群体压迫式的统治后，朱元璋在明初的统治策略上，自给自足的小农思想一直占据主导地位，至于对外贸易及其海洋经济则被放在次要位置，甚至大有弃之不用的想法及行动，这也是贯穿整个明朝的海洋观念主线。

明朝有意为之的封闭统治导致了明朝统治地理中心一直放在长江流域及其北部，加上北方少数民族在军事上的威胁，更使得明朝对东南沿海失去关注。大明王朝"非我族类其心必异"的先入为主的观念，使得明朝在对外政策上产生排外的思想，更抑制了闽南地区发展海洋经济的热情，这也导致了闽南海洋历史文化在发展上发生转折，增加了冒险主义的成分。

朱元璋称吴王之时，天下尚未安定，"置市舶提举司以浙东按察使陈宁等为提举"①。朱元璋在海洋政策上仍延续元制保留市舶司的功能，但自从第二年的洪武元年（1368）"倭人入寇山东海滨郡县，掠民男女而去"开始，从山东，到江苏、浙江，乃至

①《明实录太祖实录》卷之二十八。

福建，倭寇侵扰频率不断加大，加上张士诚、方国珍余党作乱海上，甚至勾结倭寇往来掠夺，这些突如其来的海上"变故"使得朱元璋颇为恼怒，渐生去海之心。

洪武以后，明朝天下大局初定，为永绝后患，朱元璋开始筹划海禁政策。洪武三年（1370），"罢太仓黄渡市舶司，凡番舶至太仓者，令军卫有司同封籍其数送赴京师"；洪武四年（1371），"籍方国珍所部温、台、庆元三府军士及兰秀山无田粮之民尝充船户者凡十一万一千七百三十人隶各卫为军，仍禁濒海民不得私出海"；洪武七年（1374），"罢福建泉州、浙江明州、广东广州三市舶司"；洪武十四年（1381），"禁濒海民私通海外诸国"；洪武二十一年（1388），朱元璋谓汤和曰："日本小民屡扰濒海之民，卿虽老，强为朕一行，视其要害地，筑城增兵以固守备"，汤和奉旨即行，"自闽越并海之地筑数十城而归"①。

自此，水寨、卫城、所城、巡检司城等遍布福建之福、兴、泉、漳四府沿海，尽管当时倭寇对福建的侵扰并未形成规模，但至少从政策上到实际的海防上，朱元璋在福建已然构建了一道严密的监控线。

这道防线，看似是对通番渠道的破坏和监视，但实际上却没有立即断绝沿海居民的海上谋生，而是根据沿海防倭和防盗的实际需要与状况逐步加强管制的，地方仍留有通往东西洋贸易的机会。因此，在海禁执行过程中，即使取消了三大市舶司，朱元璋也仍保留其所在地的海上贸易权限，只是在方式上官府减去了贸易的主动权，增加了朝贡的被动参与度。

朱元璋在《皇明祖训》中如是告诫子孙，"四方诸夷，皆限山隔海，僻在一隅，得其地不足以供给，得其民不足以使令。若其自不揣量，来扰我边，则彼为不祥；彼既不为中国患，而我兴

---

① 《明实录太祖实录》卷之一百九十一。

兵轻伐，亦不祥也。吾恐后世子孙，倚中国富强，贪一时战功，无故兴兵，致伤人命，切记不可。但胡戎与西北边境，互相密迩，累世战争，必选将练兵，时谨备之。"朱元璋对四夷的认知和态度，显然是基于中国千百年历史的经验教训作出的判断。在他看来，明朝的威胁只在于西北，而东南海上诸夷只要相安无事即可共享太平。因此，在处理与东南沿海诸国关系时，明朝政府一贯的政策是"厚往薄来"，以抚恤为主，在整个东亚一直尽着大国的责任，正是这以德服人的气度，使得安南、琉球等国家也才能心甘情愿作为附庸国时时保持进贡关系。

　　这种国与国的进贡关系，被称为"朝贡贸易"，在明朝早期完全取代了宋元时期的市舶司功能，成为当时的贸易主流。洪武八年（1375），中书及礼部奏以外夷山川附祭于各省时，福建所对接的外夷为"日本、琉球、渤泥"，但在朝贡贸易上，作为原福建市舶司所在地的泉州却仅被允许对接琉球，"宁波通日本，泉州通琉球，广州通占城、暹罗、西洋诸国"，"琉球、占城诸国皆恭顺，任其时至入贡"[1]。这种安排大大降低了泉州对外贸易的频率，以至于管理纳贡的吏目在政策上也趋于保守，"掌海外诸番朝贡市易之事，辨其使人表文勘合之真伪，禁通番，征私货，平交易，闲其出入而慎馆谷之"[2]，可见即使是纳贡也充满着海禁的色彩。

　　明初，虽然官方保留泉州适当的对外朝贡贸易功能，但实际却是形同虚设，明朝对于朝贡贸易一向以政治需求为出发点，其目的在于"怀柔远人"，故而在贸易策略上采取了"厚往薄来"的亏本方式。在宁波、泉州、广州等传统贸易口岸，对于习惯了平等互利贸易传统的亦官亦商的当地人来说，他们依然跃跃欲试，想借朝贡之机同时进行他们曾经再熟悉不过的贸易活动。

---

①张廷玉：《明史》卷八十一，《食货五》。
②张廷玉：《明史》卷七十五，《职官四》。

走向海洋

明人张瀚在《松窗梦语》中认为，四夷在朝贡中享受到的"厚往薄来"在整个朝贡贸易中所占有的比例"不足当互市之万一"，之所以会这样是因为贸易可以"藏富于民"，"其心利交易，不利颁赐，虽贡厚赍薄，彼亦甘心"，这大概就是站在商人动机的角度看待朝贡，也反映了当时方国积极推动朝贡贸易的初衷。特别需要指出的是日本的朝贡群体，在朝贡初期，随船人员大多为幕府、大名、寺社等官员组成，但到了后期甚至将朝贡承包给博多和堺港的商人，从而产生了颇为难堪的争贡冲突，这也是明朝廷为何要把日本列入黑名单的缘故①。

洪武二十七年（1394），朱元璋从侧面了解到了朝贡贸易的猫腻，"以海外诸夷多诈……而缘海之人往往私下诸番贸易香货，因诱蛮夷为盗，命礼部严禁绝之，敢有私下诸番互市者，必置之重法，凡番香、番货皆不许贩鬻"②。从此，明朝从禁民下海通番升级至"禁民间用番香、番货"，至是，以泉州为代表的闽南海外贸易算是完全走到了末路。

雪上加霜的是，在洪武二十九年（1396），琉球多番派人前往明朝肄业国学、感慕华风，朱元璋"嘉其修职勤，赐闽中舟工三十六户，以便贡使往来"③。这三十六户舟工实际为三十六姓，"名为闽之河口人"，他们后来人都在琉球国中担任要职，并长期担任两国往来的朝贡使者。或许是因为他们对福州更加熟悉，以至于在后来的朝贡过程中，他们大多选择在福州登岸，如此经年，泉州口岸连仅剩的朝贡贸易都未能进行，从而导致永乐年间复设的市舶司在成化八年（1472）由泉州改迁至福州。

至明正统四年（1439），"琉球国往来使者，俱于福州停住"，

————
①李金明：《论明初的海禁与朝贡贸易》，《福建论坛·人文社会科学版》，2006年，第7期，第73—77页。
②《明实录太祖实录》卷之二百三十一。
③张廷玉：《明史》卷三百二十三，《外国四》。

如此观之，泉州在洪武年间因严厉的海禁限制，百姓片甲不敢下海，仅有的琉球朝贡贸易又被迫于成化至正统年间彻底终止。元明交替之间，已经支离破碎的海洋经济链条，在此双重打击下，更是不堪一击，在经济链条上的百姓自然不能因此坐以待毙，他们以双脚作出了选择，这也是泉州人口数量在明代持续下降的主要原因之一。

第二节　走向海洋

中国历史上，规模最大、规格最高的远航行动非明永乐年间郑和下西洋莫属。很难想象在一个执行海禁政策的帝国，能有这样的多次海上宣威行动。继承了朱元璋"厚往薄来"的对外政策，朱棣在明朝休养生息数十年后，发起耗费巨大的郑和下西洋海上行动。这显然不是以经济为目的，可能有好大喜功的成分，也可能是找寻朱允炆下落的尝试。不管怎样，至少证明即使执行了海禁，中国沿海依然存在高超的航海技艺及熟悉海路的人才，这也是洪武年间持续的海禁政策及朝贡贸易所无法断绝的中国人对海的热忱与向往，也说明了海禁政策并未完全断绝航海人的海上生路。

在郑和七下西洋过程中，漳州府漳平县人王景弘多次参与其中，并在郑和去世后，明朝官方第八次下西洋时担任正使先到苏门答腊，后到爪哇，至于船队中还有多少闽南人参与其中，已无从考证。但从随船出使相关人员的笔记中，我们依然可以看到在东南亚的部分海港，已经有闽粤人在当地定居，而其中的闽人更是在笔记中明确以"漳泉"身份显示，可见宋元乃至明初，闽南人已经开始向海外输出人口。

下西洋亲历者费信所著的《星槎胜览》，记录了其亲览并实际到过的海外国家和地区有占城国、宾童龙国、灵山、昆仑山、交栏山、暹罗国、爪哇国、旧港、满剌加国等 21 国（处），而听说及采录的其他国家有真腊国、东西竺、淡洋、龙牙门、龙牙菩提、古里地闷等 23 国（处），以上共计 44 国（处）。在满剌加国时，费信发现当地人中有不少唐人，"男女椎髻，身肤黑漆，间有白者，唐人种也"，而其使用的日常贸易器具，则有"青白瓷器、五色烧珠、色绢、金银之属"，如果把青白瓷和唐人联系在一起，明永乐年间的满剌加国可能已经有闽南人在此定居，他们自称唐人，而所用瓷器则以刺桐港大宗货品青白瓷为主。而在渤泥国，则深刻感受到唐人的优越性，"凡见唐人至其国，甚有爱敬"。更有甚者，"海寇陈祖义等聚三佛齐国，抄掠番商，亦来犯我舟师，被我正使深机密策，若张网获兽而殄灭之，生擒厥魁，献俘阙下，由此海内振肃"①。可见唐人出入东南亚诸国，不管是定居经商还是为贼为寇，当已是常态，以至于当地保留有相当普遍的唐人印迹。

在另外一位下西洋参与者马欢的《瀛涯胜览》中，唐人在东南亚的情况则描述得更为详细。在爪哇国，"国有三等人……一等唐人，皆是广东、漳、泉等处人窜居是地，食用亦美洁，多有从回回薮门受戒待斋者"，"杜板番名赌斑，地名也……其间多有中国广东及漳州人流居此地"，"番人殷富者甚多，买卖交易行使中国历代铜钱"，"国人最喜中国青花瓷器"；于旧港（古名三佛齐国），"国人多是广东、漳、泉州人逃居此地"，"市中交易亦使中国铜钱"②。从记载中的用字"窜居""流居""逃居"分析，漳、泉人在永乐以前定居东南亚显然不是官方认可的方式，甚至带有意料之外的"灾难"性，结合宋元明交替之间的事故，他们可能是元末刺桐港战乱之后逃离的商人，又或者是明初突破海禁的弃民，也可能如陈祖义一般亦商亦盗的海上集团。

---

① 费信：《星槎胜览》卷一，《旧港》。
② 马欢：《瀛涯胜览》，《旧港国》。

但总体上说，明初的闽南人出海仍处于小打小闹的程度，真正规模性的移民应从明嘉靖年以后开始。在东南亚，保留有最早、最完整的早期华人移民遗迹者当数马来西亚的马六甲，其中担任过甲必丹的明代华人可考共计三人，他们均来自九龙江口，分别为龙溪人郑芳扬（1632—1677）、厦门岛人李为经（1614—1688）和曾其禄（1643—1718）。在郑芳扬的墓碑、"甲必丹李公济博懋勋颂德碑"及"敬修青云亭序碑"上均出现"龙飞"的年号，前者为"龙飞岁次戊午年（1677）"，据说"龙飞"年号乃嘉靖末年因起义失败退据旧港的张琏国号之一。

甲必丹郑芳扬墓碑

梁启超在《中国殖民八大伟人传》中提到了张琏的事迹，"旧港番舶长张琏，广东饶平县人。张本大盗，明嘉靖末作乱，扰广东江西福建三省。西籍言嘉靖间有海寇张士流夺据葡人之澳门，殆即琏也，中国人之胜西人，自是始。"

明嘉靖年间，潮州饶平县人张琏在粤东北聚众起义，时漳州方面称之为"饶贼"。嘉靖三十九年（1560），张琏率军在今饶平县和平和县交界的柏嵩关称帝，自称"飞龙人主"，国号"飞龙"，建城于饶平的乌石埔，势力范围涵盖了广东的饶平、大埔和福建的平和三县。嘉靖四十年（1561），飞龙军分兵三路出击闽、粤、赣、浙等四省，张琏亲率三万起义军于五月攻占平和县城，六月陷云霄城并东向龙溪县的镇海卫城，八月破南靖县，十二月取龙岩县，三路飞龙军先后陷城数十，起义军人数由十万扩展至二十万，闽粤赣三省为之大震。是时，倭寇、飞龙军及沿海土民骚乱、起义不断，整个东南沿海烽火四起，福建岌岌可危，而月港所在的九龙江中下游则成为整个混乱的中心。

嘉靖四十一年（1562），两广巡抚张臬，平江伯陈圭应旨调集三省兵力围剿，以都督刘显、总兵王宠，参将俞大猷、钟坤秀为统领，参议冯皋谟、金事皇甫焕、贺泾、张冕为监军，水陆七哨，同时对飞龙军发动进攻。嘉靖四十二年（1563），飞龙军在俞大猷的围剿下被压缩至平和一带，为免全军覆灭，张琏最后率部由漳江出海，辗转南下东南亚，夺占了三佛齐 《明史》云，"嘉靖末，广东大盗张琏作乱，官军已报克获。万历五年商人诣旧港者，见琏列肆为番舶长，漳、泉人多附之，犹中国市舶官云。"[1]

张琏此例一开，但凡闽南沿海事有不济者，大多南下投奔张琏，抑或独立门户落地生根，从此，闽南人南下移民成了海上生存的另一种选择，而前文所说的，郑芳扬等人可能也在其中。

从闽南人形成的历史进程看，在每个朝代都有其特定的元素加入：五代倡佛，宋代尚儒，元代崇商，明代铤险，清代敢闯。

---

[1] 张廷玉：《明史》卷三百二十四，《外国五》。

以时间序，也可以看出闽南人性格的养成，有着循序渐进的发展过程。

先是从闽王自上而下大兴佛寺，以致原本已不足的闽南良田多为寺庙所占，百姓喜为僧尼，整个民间充斥着佛教的各种印迹，故而在闽南有"泉南佛国""漳州佛国"之称，就连漳泉交界的文圃山、蔡尖尾山（九龙江口北岸）这样在当时尚属于偏僻的地方，都有"山下为浮屠宅胜国，以前不知凡几兴废"的记忆。

蔡尖尾山"佛国"石刻

随着留从效、陈洪进对于漳泉的再次割据发展，乃至闽南和平纳入大宋版图，其科教文卫发展也正式进入快车道，百姓知礼向善，士子登科连绵不断，包括闽南在内的整个福建在当时成了南北宋的人口、文化大省，这也是闽南人从骨子里具备安土重迁、忠君爱国思想的源头。

进入元代后，元朝鼓励海上贸易，失去从仕兴趣的闽南人开始规模性地参与海上活动，从而建立起跨越大洋的商路。以元末明初为转折点，随着人口的增加，失去海上联系的泉州人四海为家，他们带着与海洋接触的各种知识融入东南沿海的新生活中，再次开启和唤醒新一轮的海上尝试。此时的闽南人铤而走险，突破官府的禁令，成了当时"没有国家的商人"，也正因如此，此时的闽南人在五代、宋、元养成的性格上开创了适合明代社会

牛津大学收藏的《顺风相送》

环境的海洋文化。如在宋代"禳人船之灾"的仪式基础上，结合造船、闾山派仪式、普度等技艺与民俗发展出"送王船"信仰；结合民间航海经验与技艺，闽南人创造性地写出了《顺风相送》等航海指南。

明代，可以说是闽南人在海洋文化方面的集大成者，既继承性地发展了五代、宋元以来海上活动的各项成就，又创造性地建立了领先于当时世界的海上经济链条，此过程可以理解为闽南海上意识从刺桐港向月港的转化。

第三节　铤险通番

林希元曾在《金沙书院记》中如此描述明代的漳州府及其附郭县龙溪县，"福建八郡之民，唯漳称难治，漳州七邑之民，唯

龙溪称难治……龙溪，漳首邑，其地负山而襟海，山居之不逞者，或阻岩谷林箐，时出剽掠，为民患；海居之不逞者，或挟舟楫、犯风涛，交通岛夷，甚者为盗贼，流毒四方。故漳州称难治，莫龙溪若也。"①

黄道周书法摘录之"金沙书院"

龙溪县，作为闽南最古老的两个县之一，是闽南文化漳泉二极中的一极，从漳州迁治龙溪的唐贞元二年（786）算起，到明洪武元年（1368）漳州路达鲁花赤迭理弥实自尽表忠，582年的漫长岁月里，龙溪县的版图并未如南安县一般因人口充实而分割设县，仅仅于元至治二年（1322年）因民乱而集合龙岩、漳浦二县新设了南靖县。

尽管如此，从五代以来，龙溪地界仍广泛存在着各种以商贸为目的的商品经济，它们与泉州所属各县共同构成了刺桐港的海洋经济链条。以当时龙溪县一、二、三都为例（宋称永宁乡新恩里，今厦门海沧），横亘其间的蔡尖尾山南北两侧，分布着众多出口型磁窑，从目前已发现的考古遗址看，至少有许厝、惠佐、上瑶、困瑶、青礁等五处窑址群，它们生产的日常陶瓷器皿在型式上与同安汀溪窑相似，这些陶瓷器具集批后通过沧江下游的海口镇收税后运至刺桐港，或经由南下刺桐船只靠岸收集。

从有限的资料看，早在两宋时期，海沧地区早已是商贸发

---

①林希元：《林次崖先生文集》，厦门大学出版社，2015年。

达、文风鼎沸的巨镇，当时至少有颜、陈、苏、郑、何、李等姓氏聚族而居，并取得不凡的成就。但进入明代后，陶瓷业在海沧似乎一夜之间消亡，纷纷废弃，而当地大族也在元末明初消失或大幅度衰减，仅颜氏得以原貌延续。或许如当地关于黄五娘的传说一般，他们大多在海洋经济链条断裂之后举族南迁，而继之而来的则是新一代兴、泉、漳移民，如林、周、邱、杨、蔡、谢、柯、李等。这些新移民，在海沧原有村社基础上借助明朝休养生息的鼓励政策，迅速繁衍壮大，并在成弘之际形成了诸多以姓氏为区别的百人以上聚落。

由于人口的过快增长，九龙江口南北两岸再次出现粮食短缺、竞争加剧的现象，大明政府也因此采取了有效的对策，不遗余力地兴修水利，以缓解人与地的矛盾。

一、 疏通海港

明代的"港"在意义上与今日截然不同，其主要功能有二，其一灌溉田地，其二发展泥泊经济。"港"一般分布于小溪入海处，为喇叭状的湾区，九龙江口北岸有海沧港、东头港、筼筜港、鸿江港等四个，南岸为月港、港口港、倒港、卢沈港、普贤港、草尾港等六个。

令人吃惊的是，这些港汊繁多且红树林密布的港在明中期则成了九龙江口通番走私的大本营，当地百姓以渔获为掩护，驾驶小船往来其间，反而成就了完全不一样的海上运输奇迹。

二、 兴修陂坝

为便于雨水及溪水收集，从宋代开始，九龙江口便开始由民间集资兴修水利以便农作灌溉，但随着宋元明三朝更替，这些水利设施多有破败，不堪使用。

陂的修筑主要集中在腹地较大的九龙江口南岸，明景泰五年（1454），漳州郡守谢骞重修了宋代始建的南陂，成化十七年（1481）郡守姜谅再次扩建，百姓感其德而将该陂称为姜公陂。

此外姜谅在第二年又修建了溪头陂，灌田十余倾。景泰年间，龙溪九都民在宋代谢伯宜修筑的太保陂基础上改以石堰，灌田百有余倾。其他还有弘治初郡守汪凤修筑的严桥陂，万历三十七年（1609）乡民修筑的内溪陂，万历进士曾应启修筑的曾公陂等。

柯挺撰《漳贰守沈公惠民泥泊德政碑》

三、　修护埭岸

九龙江口江面开阔，海潮与江水彼此交融，沿海土地多斥卤难耕，即使雨水充裕也难免海水倒灌，常年耕耘，仍所收无几。

沿海百姓为防止海潮对海岸的侵蚀，各地方均自行围筑海堤或蓄淡水或防倾圮，如洪熙元年（1425），南山寺僧无溢出资修筑龙溪四五都的赵埭和西埭。

毕竟民间力量有限且成效不佳，成化十八年（1482），漳州郡守姜谅在考察沿海状况之后，集中对九龙江口两岸的埭岸进行一次大规模的重修：北岸的龙溪县一二三都（海沧地区）涉及三十二埭共计长三千九百九十七丈，高一丈五尺，厚一丈八尺；南岸的四五都禾平埭，六七都鸿福埭、槐浦埭，八都普贤埭等数千丈长。

新垵重修海岸碑记

经过明早期的沿海基础构建，九龙江口的生存条件不断改善，以至于狭小的沿海丘陵地带能够养活不断增长的人口。但人地的冲突依然强烈，于是，基于海上经济参与传统的基因，以及日趋发达的明朝手工业，九龙江口开始萌发走向海洋的尝试，这同时也是挣脱明初海禁的铤险及深受郑和七下西洋宣威的诱惑。

首先撕开走私贸易口子的是对日贸易的半公开化。

在明代东洋贸易中，日本一直被排除在外。如果说以闽南为代表的中国海洋历史文化是基于深加工的商品经济，那么日本的海洋历史文化便是以资源为基础的原料经济，从永乐之后，日本对中国沿海的侵扰渐渐停止，一直到嘉靖年间，又有了死灰复燃的迹象，而这一切除了受日本国内政局的内部影响外，也与中国的走私贸易有着千丝万缕的关系。

在明代，海防的重心在于防倭，"盖倭从东北入寇福建，清明后风多东北，且积久不变；五月则风自南来，重阳后亦有东北风，至十月则风自西北来"，故而明军根据季风的风向在海防哨所中执行大小汛换防，"以三、四、五月为大汛，九、十月为小汛"，这种对季风的把握，除了应用在军事防守外，也是福建船舶前往日本贸易时间的选择依据。[①]

明早中期，闽南地区的对外贸易主要集中于西洋和东洋，在季风的把握上一般不选择日本路线，以免被官军捕获。但随着明朝海防官军的懈怠加剧，沿海原本密实的卫所监控渐渐成了摆设，这无形中也为百姓出洋提供了便利。

洪朝选在《瓶台谭侯平寇碑》[②]中提到了漳州人偶然开辟对日贸易新航线的经过，"嘉靖甲辰（二十三年，即1544年），忽有漳通西洋番舶为风飘至彼岛，廻易得利，归告其党，转相传告，于是漳泉始通倭"，这次偶然得利与下文葡萄牙人的经历颇

①道光《厦门志》。
②洪朝选：《洪芳洲先生摘稿》。

为相似，后来引发了一个相当可观的链式效应，"异时贩西洋徒类无赖不事产业，今虽富家子及良民，靡不奔走；异时惟漳沿海居民习奸阑出，物虽往仅十二三得返犹几幸小利，今虽山居谷汲闻风争至"。在这次"通倭"之后，漳泉人前往日本贸易的人数及规模令人惊叹，单单在航海过程被风吹至朝鲜而见闻于明朝者便多至上千人，以下摘录《明实录世宗实录》中的部分记载：

嘉靖二十三年（1544），漳州民李王乞等载货通番，值飓风漂至朝鲜，朝鲜国王李怿捕获三十九人，械送辽东都司，上嘉怿忠顺，赐银五十两、彩币四表里。

嘉靖二十五年（1546），朝鲜国署国事李峘遣使臣南洗健、朴菁等送下海通番人犯颜容等六百一十三人至边，上嘉其忠顺，赐白金五十两、文绮四裘，洗健朴菁并赉以银币，容等悉漳泉人，诏福建巡按御史治之。

嘉靖二十六年（1547）三月，朝鲜国王李峘遣人送福建下海通番奸民三百四十一人，咨称：福建人民，故无泛海至本国者，顷自李王乞等始以往日本市易，为风所漂，今又获冯淑等前后共千人以上，皆夹带军器货物，前此倭奴未有火炮，今颇有之，盖此辈阑出之故。恐起兵端，贻患本国。辽东都司具报，礼部议闻，诏：顷年沿海奸民犯禁，福建尤甚，往往为外国所获，有伤国体，海道官员令巡按御史参查奏处，仍赐朝鲜国王银币以旌忠顺。

由上可知，从嘉靖二十三年（1544）开始，漳州人在开启日本贸易后，每年均有数百福建人因航海意外飘至朝鲜，为朝鲜国所获，这成了他们上表忠心谋取恩赐的手段。以数量看，漳州人前往日本贸易的人数绝对是一个让人瞠目结舌的数字，而在这交往过程中，福建人带去了先进的科技和文化，让日本人看到、感受到一个富有、文明的帝国的细节，这大概就是嘉靖中后期，中国沿海大倭乱的一大诱因。

第四节　漳州河口贸易

明正德十三年（1518），葡萄牙人在广东请求通商被拒后，其首领乔治·马斯卡尼亚斯（Jorge Maoscanrenhas）便从广东屯门驾船随数艘前往琉球的中国帆船北上，当他们到达福建Chincheo 时，恰好错过季风，只好就地停歇，正是这次不小心成就了葡萄牙人一次利润颇丰的买卖。

乔治·马斯卡尼亚斯还特别留下了他对 Chincheo 的印象描述，"感觉比广州更富有"，"比广州更有礼"，"在那里停留时受到当地人友善的对待"，正是这看似画蛇添足的赞赏，使得Chincheo 的身份更加扑朔迷离①。

有人认为，在明代中期能与广州城媲美者，大概只有泉州和漳州府城，也只有府城才符合葡萄牙人描述的气质，可是换个角度想，能与葡萄牙人"友好交易"者，又不能是府城这样的天子监控之地。

厦门博物馆馆藏明万历景德镇青花开光花鸟纹盖罐

遍观漳泉沿海，具备靠海环境者，如漳浦、龙溪、同安、南安、晋江、惠安等县城都无法满足海边交易的基本条件，于是绝大多数人的目光聚焦在号称"小苏杭"的月港之上。这或许是最好的答案，但还是有人不敢轻易

---

① 杨国桢：《葡萄牙人 Chincheo 贸易居留地探寻》，《中国社会经济史研究》，2004年，第 1 期，第 1—8 页。

下结论，于是给了一个保守而不失准确的论断："Chincheo 就是漳州河口"。

这是有道理的，至少在后来相当长的时间内，西方各国把这个名字赋予了九龙江及其所在的漳州，乃至福建。Chincheo 在闽南语音译中，与漳州最接近，也不排除是泉州，但从葡萄牙人后来的地图及各类描述看，或许所谓的"漳州河"，即九龙江口是最佳的答案，而就是这么简单的一次意外交易，便使得九龙江在西方人口中长期成了"Chincheo River"。

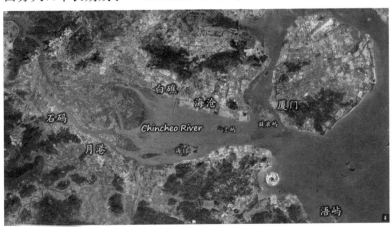

漳州河（Chincheo River）位置示意图

葡萄牙人的这次中国东南贸易试水，尽管是在隐蔽的条件下偷偷进行的，但却早已暴露在官方的监控之下。当时，距离海澄县立县尚远，整个九龙江口沿岸，除白礁、金山（今龙池）外，全在龙溪县管辖范围内。后来在海澄县的文献记载中，都把葡萄牙的这次行动记录在案，"旧名月港，唐宋以来为海滨一大聚落，明正德间豪民私造巨舶，扬帆外国交易，因而诱寇内讧，法绳不能止"[①]。

―――――――――――

①乾隆《海澄县志》。

而早在此之前的成化七年（1471），龙溪县民丘弘敏（今海沧新垵人）便"与其党泛海通番，至满剌加及各国贸易，复至暹罗国，诈称朝使谒见番王，并令其妻冯氏谒见番王夫人，受珍宝等物"。丘回国后被官军发现，官军派兵前往拘捕，却不曾想，丘弘敏竟养了诸多死士，"官军往捕多为杀死"，被捕后，在其家中还发现蓄养番奴，"弘敏所买番人爱没心等四人解京处治"，最终"弘敏等二十九人依律斩之，又三人以年幼可矜发戍广西边卫，冯氏给功臣之家为奴"①。

由此可知，葡萄牙人的意外获利并非来之不易，而是九龙江口早已具备对外贸易的基础，葡萄牙人不过是他们日常交易的众多对象之一。这或许便是成弘以来，月港号称"小苏杭"的原因之一，经济之蓬发自然造就了文化昌盛，百姓和乐知礼也就自然而然了。

但葡萄牙人所说的 Chincheo 就只能是月港而已吗？自然不会只有一个选择，至少同处江口且归属漳州的石码、海沧、石美也有可能。

基于明朝海禁政策，在南中国海周边，泉州市舶司的裁撤，使得广州成为对外贸易的唯一口岸，但自从屯门之战爆发后，葡萄牙人在广东贸易受挫，只好北上浙闽另寻机会，这时正德年间偶然寻得的 Chincheo 便成了他们后续的目标之一。

嘉靖二十三年（1544），浯屿水寨内撤厦门后的浯屿成了葡萄牙人的首选，高峰时驻留五六百人，他们与月港、海沧商人往来贸易，络绎不绝，"至漳州月港、浯屿等处，各地方官当其入港，既不能羁留人货、疏闻庙堂，反受其私赂，纵容停泊，使内地奸徒交通无忌，及事机彰露，乃始狼狈追逐②"。浯屿成了葡萄

---

①《明实录宪宗实录》卷之九十三。

②廖大珂、辉明：《16—18世纪欧洲地图中的 Chincheo 港》，《中国史研究》，2013年，第 1 期，第 159—176 页。

牙人在 Chincheo 的后方基地，而浙江方面的双屿岛则是他们笔下的 Liampo（宁波）代表，如此一南一北，葡萄牙占据贸易高地竟然长达五六年。

这大概就是明朝人所说的"广东不当阻而阻，漳州当禁而反不禁也"，官军的不作为在一定程度上促成了葡萄牙人的北上与肆无忌惮。但明朝人不像后来的清朝人那般窝囊，而葡萄牙也不如英国那般船坚炮利。

至嘉靖二十七年（1548），朱纨正式向双屿岛亮剑，这次战役的成功，也促使了朱纨在第二年继续挥军南下一举拿下浯屿，从而制造了促使他倒台乃至丧命的"走马溪事件"，从此中国东南便开始了长达一二十年的大寇乱。

不得不说，这一切的源头都是葡萄牙人与边民的私下贸易在明朝人的错误对待下引发的蝴蝶效应。但这一切真的如此简单吗？真的只是葡萄牙人占据外岛，引人来贸易这么单纯？双屿岛和浯屿作为葡萄牙人隐蔽的基地，大概已经成为定论，但仍有人坚持不懈地寻找位于大陆边沿的葡萄牙贸易口岸。因为执着的人相信，尽管浯屿属于漳州的管辖范围，但把它当作漳州河口的唯一贸易地稍显牵强，毕竟在葡萄牙人对于该时期（1537—1548）地图的描述中，他们的交易位置是位于整个厦门湾的北边，一个被称作"eabo de Chineheo"的地方，以之为引申，在当时法国人若昂·罗兹（Jean Rotz）的地图中也写作"C: de Chincheo"，大意为"漳州岬角"，即漳州河口的岬角处[1]。

从字面上看，不应该是个岛屿，因而有人把这个岬角指向了浯屿对岸的镇海角，至少在形状上匹配一些。当重新检视漳州河口时，我们发现圭海两岸的岬角其实不少，从浯屿往北，镇海角、屿仔尾，以及九龙江口北岸的海沧、嵩屿、长屿、鳌冠，同

---

①廖大珂、辉明：《16—18 世纪欧洲地图中的 Chincheo 港》，《中国史研究》，2013年，第 1 期，第 159—176 页。

九龙江出海口全貌

安县属的高浦、东渡，每一个都非常适合，在这里厦门是可以排除的，因为在葡萄牙人的记载中有出现当时还是小村落的厦门村，经济还很落后。

林希元在《金沙书院记》中给出了答案，"苏文岛夷，久商吾地，边民争与为市，官府谓'夷非通贡，久居于是非礼'，遣之弗去，从而攻之。攻之弗胜，反伤吾人。侯与宪臣双华柯公谋曰：'杀夷则伤仁，纵夷则伤义。治夷，其在仁义之间乎。'乃偕至海沧，度机不杀不纵，仁义适中，夷乃解去。……岛夷既去，乃即公馆改为书院。堂庭厢庖咸拓其旧，梁栋樏桷，易以新材，又增号舍三十楹。由是诸生讲诵有所"[1]。

由此可知，葡萄牙除了在浯屿设置贸易基地外，再深入至海沧的金沙（今海沧区后井村）设置半固定式的交易场所，从而极大地获取了海沧、月港等地的商品，从而加剧了当地百姓铤而走险通番贸易的热情和参与度，这也是后来海沧、月港发生大规模海寇走私的根源所在。但也正是这样，才最终导致明朝政府不得不将海沧和月港从龙溪县独立而出，并设置海澄县，因此直接发生了"隆庆开海"的历史事件。

---

[1] 林希元：《林次崖先生文集》，厦门大学出版社，2015年。

第五节　月港民反

就在葡萄牙人被驱逐出九龙江口及浯屿后，原本参与经营与葡萄牙人贸易的通番百姓，没能逃过巡视浙福右副都御史朱纨的手心，他随后即上奏道，"夷患率中国并海居民为之前后勾引，则有若长屿喇哒林恭等往来接济，则有若大担屿奸民姚光瑞等无虑百十余人，今欲遏止将来之患，必须引绳排根永绝祸"，这些所谓的罪民最终"悉正以法"①。但从浯屿撤出的葡萄牙人，却像一块磁铁，每到一处，便吸引一干漳州边民前往贸易，而柯乔在朱纨授意下，更是穷追不舍，最终于诏安走马溪生擒贼首李光头等 96 人，为儆效尤，柯乔及卢镗就地斩之，如果说闽南对日贸易开启了全民海贸高潮的序幕，那么这一斩，便是将这种高潮推向万劫不复的最后一把力。

嘉靖二十九年（1550），朱纨将走马溪事件上奏朝廷，本以为可因功就赏，却没想到会受到如此严重的弹劾，"会御史陈九德论纨专杀滥及不辜，法司覆请遣官会勘，上从之。遂革纨职，命兵科都给事中杜汝祯往"，杜汝祯查明情况后，认为"前贼乃满喇伽国番人，每岁私招沿海无赖之徒，往来海中贩鬻番货"，并没有在沿海犯下烧杀抢掠的坏事，而当官军前往缉捕时，朱纨等人又"不分番民首从，擅自行诛，使无辜并为鱼肉，诚有如九德所言者"，最终"纨既身负大罪，反腾告捷，而镗、乔复相与佐成之，法当首论其冒功，坐视诸臣通判翁灿、指挥李希贤等罪次之，指挥佥事汪有临、知府卢璧、参将汪大受又次之，拒捕番人方叔摆等四名当处死，余佛、南波二者等五十一名当安置见存，通番奸徒当如律发配、发遣，于是兵部三法司再覆如汝祯等

---

①《明实录世宗实录》大卷三百五十。

言"①。事后，朱纨以为朝廷会论其罪，最后竟含恨自杀。

"纨为人清兼勇，于任事开府闽浙首严通番之禁，海中为之肃清，走马溪之役虽张皇太过，然勘官务入其罪功过未明，纨竟坐忧恐未就讯，仰药而死，公论惜之"②。朱纨的死，让明朝的"海禁"渐成了虚设，通番的边民在突破海禁之后非但没有获罪，反而成了被同情的对象，而缉捕官军却是各种不是。于是，官之不为官，民之任为民，沿海的寇乱更加剧了。

从此，九龙江口的海沧、月港，开始成为"乐于为盗"的天堂，"海贼称乱，起于沿海奸民通番互市，夷人十一、流人十二、宁绍十五、漳泉福人十九，虽概称倭夷，其实多编户之齐民也"。③

"夫海沧寇盗所以相寻不已者，招抚启之也，自官府招抚之策行，海沧寇盗更相仿效，遂不可止"④，前有"走马溪事件"使百姓愿意下海冒险，后有官府对内招抚，对外镇压的策略，使得铤而走险下海通番、上岸招抚成为一种步入官途或者洗白的捷径，于是曾经隐隐而作的勾当，到了海沧，便成了全民仕进的惯用伎俩。

"今日林益成，即前日之李昭卒、李益进、马宗实辈也"⑤，林希元在《上巡按弭盗书》中深刻地阐述了治理海沧寇盗的办法，林益成在外，李周贤在内，官府屡屡招抚，而林、李则叛乱不已，"周贤之起也，不及其微而制之，使其牙爪羽翼渐以长成，遂至不可御"，"及其致讨也，又不防于早，徒使林益成者以散余之卒，与之从事，待势力弗敌，然后征兵，使闻风远去，而莫之止，此再失也"⑥。

如是再三，使得海沧盗寇"毕集悬钟、陆鳌"不可敌也，

①②《明实录世宗实录》大卷三百六十二。

③《明实录世宗实录》大卷四百二十二。

④⑤⑥林希元：《林次崖先生文集》，厦门大学出版社，2015 年。

"继至今，海沧必无可训之民，而祸乱相踵，朝廷失政令也"，更有甚者"剧道蔡容明辈，为患海上，远及长江，震惊畿辅"，"长屿诸处大侠林参等，号称'刺达总管'，勾连倭舟，入港作乱。更有巨奸，擅造余艎，走贼岛为乡导，蹒海滨"。①

而造成这些后果者，除了海沧当地百姓彪悍非常外，更是官府的不作为，"是时海上承平日久，人不知兵，一闻贼至即各鸟兽窜，室庐为空，官兵御之望风奔溃，蔓延及于闽海浙直之间，调兵增饷海内骚动，朝廷为之旰食，如此者六七年。至于竭东南之力，仅乃胜之，盖患之所从起者微矣。"②

嘉靖二十八年（1549），倭寇驾红夷船直抵安边馆劫掠海沧，海道副使柯乔、漳州府别驾翁灿急忙向漳州卫陈孔成求救，陈孔成推荐自己的兄长陈孔志前去救援。向来臂力绝人的陈孔志临危受命，独自驾乘巨舰作先锋率先冲向倭贼，斩敌无数，但不幸背部中炮而死。③

倭寇大概是惧怕了陈孔志这般雄壮之人，以为海沧遍地都是这等人物，吓得此后经年不敢再犯海沧。海沧略有消停，其对岸的月港却迎来了混乱的高潮。嘉靖三十年（1551），官府为了应对这突如其来的寇乱转移，不得不另于月港设置"靖海馆"，以期如海沧"安边"之意。

靖海初衷虽好，不过几年，又当重走安边馆故事，朱纨事件之后，明朝沿海官之为官，定然没法全心为民。当时月港人家颇有资财，四海寇盗垂涎已久，但苦于其地向为通番人的窟穴，守备森严且民多彪悍粗犷，轻易间不敢贸然而进。

时有月港奸人林蒲诱海寇许老（即许朝光）、谢老（即谢策）潜入月港，私下密报自家人预先避贼。不久，海寇船队果然如期而至，"八都人张季夏，义士也，有臂力，闻贼至，男女数百人

<hr/>

①②林希元：《林次崖先生文集》，厦门大学出版社，2015年。
③乾隆《海澄县志》。

奔走为贼所迫，季夏挺身奋拒，众寡不敌，力战死之"。尽管月港有张季夏这般英勇之士，对海寇造成不小的阻碍，但终究寡不敌众，海寇还是满载而归，"贼焚千余人，掳千余家而去"。而张季夏、陈孔志的事迹，则成为月港、海沧人人称颂的保家卫国典范，"挺身拒敌丧其元，仇牧狼瞫定足论。可惜无人知恤录，独余野史予忠魂"。①

在经历了频繁的寇乱之后，月港、海沧百姓像苏醒了一般，抗贼保家之心顿起，对于林蒲一类人咬牙切齿，"市镇繁华甲一方，古称月港小苏杭，谁生暗毒通豺虎，驱噬居民以犬羊"，又云，"诱贼为殃太不仁，通天怨气有谁伸。可怜无罪百千命，抵换从军一个身"②。月港、海沧普罗大众对海寇的痛恨，当是从这段时间开始爆发，于是民间有力者开始了轰轰烈烈的自保与自立的尝试，一则保家卫国，二则保存海洋贸易的成果。

"嘉靖戊午以来，衅起于岛夷之焚掠，祸烈于土寇之啸，呼武诛之则不足恩，抚之则愈纵。由是所在人民，良者计安妆其余炽，徙其家室于郡城，若远地以苟朝夕；不良者乐祸亦厚，自为计不用官府之命，辄坏人之室屋、夷人之丘垅，营以为巢垒，率不戒而就且益坚以浚，而不良者有所凭依以益肆其恶矣。间有良者无力以徙，又不敢自为营寨，相率叩首于官府之庭，愿殚力以为土堡，则官为任人以董其成，立长以联其治，而良者亦庶有所赖以完父母妻子。"③

由是"漳境内城堡营寨恭置星列，盖良者半，不良者半"④，良者保家卫国，不良者为虎作伥自立为王。面对一派热火朝天的月港、海沧土堡建设局面，不良者也开始谋划"自己的未来"。月港张维等24人趁海寇劫掠月港之时，私造海船出海通倭，并指引至浯屿安营扎寨，是年冬，倭寇往来于漳、泉之间，各县受

①②乾隆《海澄县志》。
③④崇祯《海澄县志》之《新筑长屿堡记》。

害尤重，当漳泉援兵到达之后，倭寇又寻机南下潮州。

嘉靖三十七年（1558），海寇谢老、洪老（即洪迪珍）步张维之后，再次诱倭 2000 余人泊浯屿，一直延续到嘉靖三十九年（1560），海寇带领着倭寇在同安、海沧、月港、漳浦等地不间断的劫掠，乐此不疲。

而此时，羽翼丰满的张维等人，再次潜回月港，巡海道邵楩获得消息后于嘉靖三十七年（1558）发兵剿捕，"维等拒敌，官军败，由是益横，各据土堡为巢"，至嘉靖四十年（1561）：

"张维据九都城，吴川据八都草坂城，黄隆据港口城，林云据九都草尾城，征头寨为最横。旬月之间，附近效尤，联络营垒，八都又有谢仓城，六七都有槐浦九寨，四五都有丰田、溪头、浮宫、霞郭四寨互相犄角，别头目曰二十八宿，曰三十六猛[①]。"月港周边如此，对岸的海沧、石尾也不再安定了，"海沧并龙溪之石尾、乌礁等处土民俱反"，"饶贼陷镇海卫城[②]"，真可谓屋漏偏逢连夜雨。而同样的局势，泉州也没个安宁，"永春蓬壶吕尚四率众万余人反"，"白礁人王出巢率众反[③]"，翌年"泉州郡城大疫"……

当是时，在福建，陆地上有饶贼（张琏飞龙军）侵扰，海上又有倭寇劫掠，对于张维等人官府本意"招抚"，只是官军屡战屡败，使得张维益加骄横，更是置官府于不顾，"乘轻舸入镇门以扼兵冲，进薄东山、水头等处，破虎渡堡，杀苏族九十余人，又劫田尾、合浦、渐山，害甚于倭"[④]。

如此了得，怎能让官军忍受得了，于是巡海道邵楩"以贼攻贼之计，遣金币招迪珍倭由陆路出诏安、漳浦，取道渐山，进劫八九都，战于草坂城，外倭败死无数"，然后"令同知邓士元、

---

①②乾隆《海澄县志》。

③同安县地方志编纂委员会：《同安县志》，中华书局，2000 年。

④光绪《漳州府志》。

龙溪丞金璧往抚之，诸反侧稍安"。①

如此大费周章，官府罪第一，张维罪第二，而百姓最是受罪，邑人谢彬有诗云，"当时下令捕林云，各恶争来看榜文。九寨两都同日反，可怜致此是何人？劫村放火犹常事，拒敌杀人未是冤，最恨苏家九十命，至今谁复招其魂"。巡海道邵梗以贼治贼之计算是勉强奏效，但倭寇、饶贼及四处土民造反却仍无力平定，漳州局势可谓艰苦。而这一切，随着戚继光浙兵的到来，开始出现了转机。

嘉靖四十一年（1562），成组织的倭寇在福建集结，开始有计划地行动。倭寇先后攻陷寿宁、政和、宁德等地，并逐渐呈现往南移动的趋势。而这一年，由南北上的饶贼则抵达漳州，巡海道邵梗立即调出月港、海沧兵前往御敌，饶贼被迫溯北溪北上长泰。此时漳州卫镇抚、海沧籍武进士奉命镇守长泰渡头，基于本职，在冲锋陷阵中因外援不足而不幸战死，而饶贼也因此所剩无几，渐渐消亡。

嘉靖四十二年（1563），从日本增援而至的新倭突然袭击了福建兴化府，兴化府不幸成为福建第一个被攻破的府城，朝廷以谭纶为右佥都御史，筹划福建抗倭事宜，而此时戚继光再次奉命入闽支援，谭纶以刘显为左军，俞大猷为右军，自领中军，以戚继光为先锋，一路势如破竹，而倭寇也节节败退一路南撤。这一南撤，可是害惨了漳泉两地。

嘉靖四十三年（1564）正月，倭寇入泉州涧埕、湖美等处烧杀抢掠，行至安平时，连续攻城三日不克，闻总兵戚继光兵至，遂继续逃窜，同年，戚家军在同安王仑坪等地歼灭南逃倭寇，泉州倭患基本平息。

而从嘉靖四十二年（1563）开始，倭寇便一直陆续劫掠海

① 光绪《漳州府志》。

沧，因当时海沧各村土堡、土楼林立，"时堡初筑，守陴方锐不能入"，倭寇与海沧百姓形成对峙的局面，直到参将戚继光到来才大破之，海沧是以保全，而月港张维等人在月港兵调出平定饶贼时又开始不安分了，于四十三年再次反叛，只是这时的漳州已然寇盗肃清，不再畏惧小小的张维等人，"巡海道周贤宣檄同知邓士元擒解斩之"。

　　嘉靖四十三年（1564），倭寇仅四人自莆田取道三都，从嵩屿夺舟而去，自此，海沧、月港倭乱告一段落。经过这般乱七八糟的反乱拉锯，月港、海沧可谓穷极各种办法，都没能找到和平的方向，于是官家开始考虑民众设县的请求，筹划建县的方案便再次提上议程。嘉靖四十五年（1566），朝廷析龙溪县之靖海馆、安边馆辖地及漳浦县部分地置海澄县，取"海疆澄静"或"海氛澄清"之意。

海沧嵩屿码头

　　海澄建县伊始，隆庆皇帝即在登基不到一个月内，发出"凡政令之得失、百姓之休戚、群臣之忠邪，使之皆得直言，无隐其言之"[1] 的开明倡议，随后福建巡抚都御史涂泽民即上书"请开市舶，易私贩为公贩"，明穆宗当即批准涂的奏请，并宣布开放海澄县，允许民间私人远贩东西二洋，这就是月港时代到来的信号：隆庆开海。

---

①《明实录穆宗实录》卷之二。

第六章 月港时代

闽南地区，历史上共有三次规模较大的扩大发展，第一次是五代时期，第二次是明代中期，第三次是民国，这三次都以政区增加为标志，其后均迎来一段繁荣盛世。

其中，明代的这次便是月港时代到来的前兆，而其标志性的节点，便是闽南地区最后一块新土——平和县的开发。

第一节 迎接大航海

万历《漳州府志》卷十二载，"徭人，属邑深山皆有之，俗呼'畲客'……本出盘瓠，椎髻跣足，以盘、蓝、雷为姓，自相婚姻随山散处，编荻架茅为居，植粟种豆为粮，言语侏俪弗辨……国初设抚徭土官，令抚绥之，量纳山赋。其赋论刀若干，出赋若干，或官府有征剿，悉听调用，后因贪吏索取山兽皮张遂失其赋，及抚驭失宜，往往聚众出而为患，若往年陈吊眼、李胜之乱，非徭人乎？"

漳州西部山区，自宋末元初陈吊眼起兵反元开始，一直延续至明正德年间，畲客聚众为乱此起彼伏，未曾消停。元至治二年（1322），元朝因乱而在漳州路龙溪、龙岩、漳浦三县交界山区设置了南靖县（初名南胜县），以图镇压畲客不再为患，确保南境安靖，其初县治设于今平和南胜；至元三年（1323），畲客李胜等作乱，元将万户张哇哇讨之失利，遂迁治于今平和小溪琯山之阳；至正十六年（1356），县尹韩景晦以其地有瘴又徙兰陵（今靖城）。①

南靖县治的持续东移，使得南胜、小溪等漳州西部山区再次沦为化外之地。正德年间，芦溪人詹师富以芦溪、象湖（永定区）、箭管为据点，发起了起义，战火很快烧遍整个闽粤赣边区，明朝不得不檄令提督赣南军门王阳明以二省兵前往剿乱。当时汀漳山寇以河头、大洋陂为中军巢穴，王阳明统领明军主力在长富村成功破敌后，继续追赶至象湖，即分兵据险，形成对山寇的包围之势。山寇在进逼之下，只得按王阳明设计的路线突围而出。王阳明乘势收回象湖，并向上杭进军，佯装成功成退兵的样子，从而使山寇放松警惕，随后乘夜兵分三路向山寇中军发起总攻，夺取基地，迫使山寇分头流窜，各归山寨。②

王阳明深刻认识到南靖地方，"极临边境，政教遥远，罔知法度，不时劫掠，盗贼易生，今虽犁巢扫穴，终非长久之谋"。如果单纯以武力对这些乱民进行剿杀，再过时日一样会有新的山寇起事，或许恩威并加的政策最为有用，使民感化并在经济上助其臂力，让边民变作良民才是长久之策。于是他委派知府钟湘亲为招抚，而山寇则"闻风降附，次第悉平"。③

随后，王阳明奏请朝廷割南靖、漳浦清宁、新安二里设置平和县，取其寇平而民和之意，并与知县施祥、当地人洪钦顺等人亲至河头地方丈量土地、营建屋舍，移小溪巡检司至芦溪，加设弓兵乡壮，于险要地方设置五隘，以示加强防护，同时也积极谋划平和县的经济、文化发展方向。④

---

①乾隆《南靖县志》卷一。
②康熙《平和县志》卷一。
③康熙《平和县志》卷七。
④康熙《平和县志》卷十。

明平和窑红绿彩开光花鸟纹大盘

　　王阳明离去之后，其原参与平乱的将校中有部分为江西籍，他们随军留守并定居平和。当南胜、五寨等地发现质地优良的瓷土后，这些江西籍将校军士以其敏感性从景德镇引入制瓷工艺，带动了当地制瓷业的发展，康熙《平和县志》卷十载，"瓷器，精者出南胜官寮，粗者出赤草埔山隔"。而主政平和的县令中，如正德年间的罗干（永丰），嘉靖年间的王禄（新城）、谢明德（高安）、赵进（南丰）、姜遂初（临川），万历年间的杨守一（太和）、孙汝达（德兴）、郭梦鲽（庐陵）、邓筠（新城）、李一凤（庐陵）、朱希召（湖口），崇祯年间的朱鼎万（余干）、袁国衡（都昌），共有13名为江西籍，他们深知景德镇青花瓷对江西经济的促进作用，在执政过程中也颇为上心，积极扶持平和青花瓷工业的发展。从正德年间的培育，到嘉靖的来样加工，再到万历年间的批量生产，可谓倾注诸多心力，其中因劳而卒于官者就有罗干、姜遂初、邓筠等三人。

以平和县建县为标志，漳州府终于告别畲客聚众为患的历史，从山到海，在经济活动分工方面渐显成效，其主要矛盾也由生活、生产困顿的内在矛盾向百姓迫切要求突破海禁寻求经济利益最大化的外在矛盾转变。于是以沿海百姓铤险通番为触发，漳州府内部政区设置再次迎来新的调整，嘉靖年间析漳浦二都、三都、四都、五都建诏安县，隆庆初年析龙溪一至九都及二十八都之五图和漳浦县二十三都之九图设海澄县，从此漳州以海澄县设立之时的"隆庆开海"为节点，正式开启轰轰烈烈的月港海上贸易时代。

第二节　来料加工业的发展

1602 年，海上新霸主荷兰人在马六甲海峡袭击了葡萄牙人的"凯萨琳娜"号帆船，该船满载着来自中国的瓷器、漆器和丝绸等商品。荷兰人将这艘克拉克船驶回阿姆斯特丹，并将整船货物面向欧洲人公开拍卖。令荷兰人意想不到的是，这次拍卖的收入竟高达 340 万荷兰盾，其数额超过了荷兰东印度公司成立之初集资金额的一半以上，而船上精美的中国青花瓷也因此被西方人称为"克拉克瓷"[1]。

克拉克瓷在形制上与景德镇青花瓷相似度极高，但却也有自己的风格，特别是在图案设计上完全按照西方人的审美及需求定制，显然这是一款颇有针对性的外销瓷器。在很长的一段时间内，人们还是认为克拉克瓷来自景德镇，但当时景德镇处于困境之中，完全不可能产出如此大量、规格不一、只供出口的器型。

据统计，在 1602 至 1682 年的 80 年里，荷兰东印度公司从中

---

①陈耕：《闽南文化纵横谈》，金门县采风文化发行协会，厦门市闽南文化研究会，2015 年。

国贩运到欧洲的瓷器 1600 万件以上；在 1621 年至 1632 年（明天启元年至崇祯五年）的 11 年里，荷兰东印度公司曾三次在福建漳州大规模收购瓷器①。从荷兰人的活跃空间及交往对象看，漳州月港、泉州安平港所在的大厦门湾是荷兰人采购中国物资的最重要窗口，而当地的闽南人则是他们最密切的合作伙伴。

因此，当 20 世纪末平和南胜、五寨发现规模性的克拉克瓷、素三彩窑址时，人们对克拉克瓷、汕头器、吴须手、交趾香合的主产地便有了新的期待和看法，至少从发掘的窑址及规模看，平和县绝对是月港时代克拉克瓷最主要的产地之一。

月溪入海口及古码头遗址

从平和建县开始，平和青花瓷便以燎原之势迅速扩张，这与梅岭、月港、海沧、安平通番商人的嗅觉密切相关。这些沿海商人拿着葡萄牙人转交的景德镇瓷器样品及定制图案，找遍了整个闽南，乃至闽浙赣。在成本的竞争中，平和瓷窑脱颖而出，成为

①余光仁、余明泾：《试论明末清初克拉克瓷的外延与内涵》，《东方收藏》，2010 年，第 11 期，第 19—24 页。

景德镇外销青花瓷的替代者。而在平和产瓷之前，景德镇、德化所产瓷器均需翻山越岭才能到达沿海出洋。但如今，平和瓷器则可顺着花山溪直抵西溪，再顺流而下经石码或石美直达九龙江口的月港或海沧。船运及少部分的陆地运输较之其他窑址，既缩短了运输距离，又大大降低了运输过程的损坏率，其中内河运输的部分，九龙江上的"水疍"（疍民）功不可没。

基于发达的民间海上贸易线，明代的漳州除了创造性地开辟了克拉克瓷外销航路外，在其他海上商品方面可谓百花齐放，如号称中国第五大名绣的漳绣，也是在此时成形。

光绪《漳州府志》卷三十八载，"漳属古所谓善蚕之乡也，岁五蚕，吴越不能及……疆土始辟，民寡而地沃，桑盛故蚕功治焉。厥后民生渐繁，谷土日多，桑土日稀，而蚕功遂废"。早在宋代，漳州便出现大规模的桑蚕养殖业，这与闽国以后的刺桐港经济颇有关联。但进入明清后，桑蚕业却日渐萎缩，这种现象与漳绣在明代时期的异军突起显然是矛盾的。然而这更说明了，明代漳州手工业发展走的路线并非从原料到成品一条龙，而是与海上贸易紧密相连且配套的。无独有偶，嘉靖以后，随着双屿岛走私业务的绝迹，江浙一带的出口贸易业务几乎被月港所垄断。当时江浙一带质与量双绝的湖丝便在闽南商人的促使下，通过海上运输线运抵福州和月港，并经由月港商人将之出售于商户，商户再分发至绣娘手中。

乾隆《海澄县志》卷十五载，"邑滨海一隅，自成风俗……依山务农，海滨事舟，衣冠文物颇盛……商人勤贸迁，远贩外洋，妇女务女红，谨容止，稍有衣食者不出闺门"。澄人女子多深藏闺中，以女红为趣，在打发时间的同时，间接地提升了漳绣的水平。而贫困人家，则以刺绣为业以补贴家用。因此，在技艺成熟之后，月港所在的漳州地区已形成了分工明确的丝织业。或固定雇佣，或偶尔帮工的绣娘在完成刺绣后，将成品回售于商户，商户再将批量的漳绣集中于月港集批出货，如此便形成了漳绣从原料采购、运输、分发，到成品制作、集中、出售的整个环节。

月港时代的漳州手工业，正是在无数个商品经济链条的组合下发展起来的，这种由港口外贸接单开始，到生产力、生产要素的合理分配，再到商品出口的经济链，是当时世界上运行效率最高、成本最低、利润最高的经济贸易模式，因此月港有了"天子南库"的称号。月港在明代中后期事实上已经跨入了自由经济的时代，这便是闽南商人在明代中后期基于明朝政府开放海禁政策所创造的出口加工奇迹。

月港模式与刺桐港的最大差别在于主导个体的不同。月港从明早中期突破海禁开始，一直以寻求贸易、赚取微薄利润以达到养家糊口的目的。在这过程中，其所经营的商品来源有二：一为刺桐港原经济链条上仍然存在且维系生产的货品，二为自给自足的农耕经济下多余的劳动产品。这些东西在需求和价值上都是极为有限的，特别是他们前往贸易的对象多集中在南海周边的东西洋国家和地区，这些地方一方面经济水平有限，无法形成稳定的购买力；另一方面宋元时代人们对刺桐港的输出商品渐渐产生了审美疲劳，急需开发新的商品。此外还有一个更重要的因素：阿拉伯中转商人在东南亚的消失，使得中国商品失去了中东和西欧的广大市场。

因此，闽南商人要重建海上贸易秩序、扩大贸易范围和规模，必须打破僵局，重新构建海上经济链条。

在一批又一批梅岭、月港、海沧、安平商人的不断努力下，终于，闽南人在明代正德至嘉靖年间找到了机会，他们的厉害之处便在于敏锐的嗅觉和把握机遇的能力。

正德年间因葡萄牙人的意外造访，打开了通往西方的贸易大门；嘉靖年间漳州商人意外抵达日本而大发横财，使闽南人全民性地参与了通番事业,崇祯《海澄县志》卷十一载,"饶心计与健有力者,往往就海波为阡陌,倚帆樯为耒耜,凡捕鱼纬萧之徒,咸奔走焉。盖富家以赀,贫人以佣,输中华之产,驰彼远国,易其方物以归,博利可十倍,故民乐之"。如此两次偶然中的必然事件,彻底将闽南人铤险走向海洋的决心和行动推向了高潮。

同时从明正德以后,漳州地区的官府在政区设置和平乱方面颇见成效的作为在很大程度上也促进了漳州的工农商等行业的稳定发展,这是一个利好的环境基础。故而当海上贸易正式爆发时,漳州地区能够在人口和手工业方面承接其中大部分的人力和商品订单。

但漳州毕竟幅员有限,源源不断的东西洋订单需求充斥着整个九龙江口和漳江口,以达交为目的的闽南沿海商人便充当问路者角色,开始四处寻访值得输出的商品,他们的足迹除了到达平和、德化等闽南地区外,更是遍布江浙赣粤。洪朝选在《蔡省庵墓志铭》中如是描述安平商人,"商游四方,历览名区,问以齐鲁燕赵吴越瓯骆百粤之墟,无不能道",安平商人便是大厦门湾闽南商人走遍全国、贩遍天下货物的典范。正是如此一陆一海的持续经营,闽南人才最终在明代架构起一个跨地域、跨海洋的庞大经济链条。

第三节　天子南库

以月港为中心,整个九龙江口还分布着众多与之配套的附属港口,如南岸的福河、石码、浮宫、屿仔尾,北岸的澳头、玉洲、石美、海沧、嵩屿等,江中的圭屿、海门岛,以及大厦门湾的长屿、渐尾、曾家澳、浔尾、大担岛、浯屿、安平等,这些港口分属于龙溪县、海澄县、同安县,乃至晋江县和南安县(围头湾）。在海澄建县以前，月港还只是九龙江口南岸"其形如月"的海湾，建县以后，则泛称整个九龙江口所在的大厦门湾，月港在明代的繁荣并非一蹴而就，而是一个漫长的历练过程。

从宋代兴修水利、蓄积人口开始，月港在明代的发展共经历五个时期：一为洪武至成化初年，为沿海闽南人突破海禁、下海求生的探索阶段，是闽南人从事海洋活动传统的延续，也是刺桐港海洋经济的自然延伸和间接继承；二为成化至弘治年间，以沿海埭岸修造、浯屿水寨内迁、市舶司由泉州迁往福州为共同标志，是闽南沿海人口爆发及内部工商业起步的阶段，这个时期已出现"月港小苏杭""锦江埠"等区域商业中心，小商品经济初具规模；三为正德至嘉靖年间，是闽南人发现及发展海外市场的扩大销售时期，以沿海寇乱为主要表现形式，出现了有组织有计划的亦商亦盗模式；四为隆庆至万历年间，为月港经济的巅峰时刻，以隆庆开海为起始，海外商路畅通，陆上生产繁荣，商贾云集、百姓安乐；五为万历后期至明清交替，是月港衰落期，瓷器被欧洲人"山寨"，经济链条出现断裂，且郑氏割据东南发展安平港，并因与清军拉锯导致了迁界，使月港在经济、治安等方面

海澄县月港航标之一——晏海楼

受到了毁灭性的破坏。

尽管月港的繁荣只有短短百年，但月港所创造出来的具有闽南特色的海洋历史文化在中国海洋文化中占有不可替代的地位，甚至在全球历史中都有划时代的意义，其最鲜明的特点是：创造性、适应性。

隆庆元年（1567），福建巡抚都御史涂泽民请开海禁，准贩东西二洋，隆庆皇帝以东西洋各国本明朝羁縻外臣，无侵叛，特以准许，但仍不准贩日本，否则比照通番接济之例。起初船舶出发地点选在漳州诏安的梅岭，后因当地盗贼横生颇有阻碍，遂改至新设的海澄县。隆庆六年（1572），漳州郡守罗青霄开始议征商税以及贾舶，设防海大夫专门处理贾舶事宜。万历三年（1575），中丞刘尧诲请税舶以充兵饷，岁额六千，于是关于船引的规定便最终确定下来：东西洋每引，税银三两；鸡笼、淡水，税银一两，后来东西洋每引增加至六两。随着申请者越来越多，船引定额数量也在逐年增加，先是从万历十六年（1588）的每年80 张，增加至 110 张。船引相当于明朝给海商出海贸易的凭证，限定船数但未限制贸易目的地（日本除外）[①]。

除了船引之外，征税的种类还分水饷、陆饷、加增饷等三种，水饷针对船商，以船的大小为依据；陆饷针对铺商，以货的种类和多寡为依据；此外，对于隐匿不报或使用非常手段者以另议。如水饷，驶往西洋的船舶，面阔一丈六尺以上者征饷五两，每多一尺加银五钱，东洋船较小，减西洋船十分之三；陆饷，胡椒、苏木等货，计值一两者，征饷二分。鸡笼、淡水距离近，船更小，每船面阔一尺，征水饷五钱，陆饷则同东西二洋例[②]。

如此规定后，万历四年（1576）月港饷额共征得一万两，至万历十一年（1583）陡增至二万有余，万历二十一年（1593）受

---

①②张燮：《东西洋考》卷七，《饷税考》。

日本侵略朝鲜影响，局部执行海禁，但隔年饷额仍涨至二万九千有奇。万历二十七年（1599），税珰高寀入闽，尽管海上贸易规模仍在增长，但因高寀横征暴敛中饱私囊，饷额非但未增加还略有减少，至万历四十三年（1615）为二万七千八十七两[①]。

从整体上看，月港饷额收入还算稳定，这为即将风雨飘摇的大明王朝缓解了暂时的经济压力，因此周起元在《东西洋考》序中盛赞月港为"天子之南库"，后世也称月港为当时大明第一港。

万历十七年（1589），提督军门周详允修订陆饷货物抽税规则时共列举了月港进口货品84种，如胡椒、象牙、檀香、燕窝、孔雀尼尾、交趾绢、血竭、番金、虎豹皮、番泥瓶、乳香、钱铜等。万历四十三年（1615），恩诏量减各处税银，漳州府重新修订抽税规则，又新增了32种进口货物，如番镜、土丝布、西洋布、红铜、青花笔筒、琉璃瓶、漆、蛇皮、绿豆等[②]。

以上两个时期，后者较前者的最大变化在于新增货品的出产地已经从东南亚转移至欧洲，如番镜、西洋布、琉璃瓶等。欧洲商品的流入，深化了闽南人与西方人在文化上的碰撞，东西方的交流在当时当地已成为普遍现象。输入这些欧洲商品的口岸主要为西班牙人占据的马尼拉、荷兰人占据的马六甲及巴达维亚等地，而月港作为中西贸易的枢纽港，并非只是单纯的以物易物功能，更重要的是在参与商品流通过程中，增加了以进口商品为媒介开展的深加工功能，最大限度地扩大贸易利润。

如崇祯《海澄县志》卷十一记载，海澄人从海外进口犀角和象牙后，分别"镂以为杯及为簪为带"，"刻为人物及牙箸、牙扇、牙带、牙簪、牙梳之属"，如此加工之后，价值至少翻两番。更有甚者，贾舶从海外带回了西方人制作的自鸣钟，先是以铁制作垂挂在梁上，后来改以铜制，可放在几案上，到点可自鸣，

---

①②张燮：《东西洋考》卷七，《饷税考》。

"漳人学制，渐近自然不须夷中物矣"，连自鸣钟都能自制，明代漳州人手工业的发达程度可见一斑。

不管是海舶的制造技术还是航行的知识，明代都堪称是中国古代历朝历代的巅峰，从郑和七下西洋的宝船到戚继光抗倭所用的福船、海沧船、哨船等，无不凝结着福建人的智慧与技艺，而真正对世界产生巨大影响者，当属闽南人的航海技艺，特别是经验累积而成的航海针路和航海图。

明嘉靖十三年（1534），同安人林希元从南京大理寺被贬为钦州知州，当时安南多乱，林希元力主分兵海陆两路伐之。于是他网罗了一批通晓海上航行知识的参谋于帐下候命，其中便有漳州府诏安县人吴朴。吴朴初到广东后，便开始对各类官方、民间航海指南进行校正、审定，很快就编成了《渡海方程》一书。该书记载了从太仓往西洋、东洋各国的海上山形水势、岛屿礁石、行船要略、海上风云等状况。该书的问世，使得嘉靖以后，平民百姓日常行船或初次远洋有了系统的、可参照的航海指南，在一定程度上促进了海上航行的发展与繁荣。

现存的海上针经《顺风相送》和《指南正法》收藏于英国牛津大学，近年已影印再版，从内容及用语各方面看，这两本针经可能是《渡海方程》的衍生本。《顺风相送》文中除了多次提及浯屿为始发港或回针港这一与月港相关的内容外，还有多处闽南语方言用字。如"灵山大佛常卧云，打锣打鼓放彩船……郎去南番及西洋，娘仔后头烧好香……新做宝舟新又新，新打艔缭如龙根，新做艔齿如龙爪，抛在澳港值千金"的歌谣以闽南语清唱则颇为押韵；再如"平大""贪东""贪西""生开""至紧"[1] 等闽南语日常用语掺杂其中，可见《顺风相送》各针路的母本来源可能直指闽南行船人家，或者其原本作者本身就是像吴朴这样的地

---

[1]叶妙琴：《古籍孤本〈顺风相送〉文中发现闽南语歌谣及多处闽南用语》，2017年8月30日，https://www.sohu.com/a/168333472_99944547，2019年9月20日。

道闽南人。

月港船厂

闽南人的航海知识除了口耳相传外，也因为有了像吴朴及其后继者这样的文人将其加以编辑成册，使得其经验广为传播，这也是为何闽南从来不缺航海行家的缘故。

除了航海针经外，传入欧洲最早的中国古地图、现藏于西班牙塞维利亚印度总档案馆的《古今形胜之图》，系明嘉靖三十四年（1555）漳州府龙溪县金沙书院重刻本。该图以《明一统志》为依据，绘制了包括两京十三省在内，涵盖了东至朝鲜、日本，西至乌兹别克斯坦，北起蒙古高原，南达爪哇、三佛齐等南海周边国家。尽管没有经纬度的准确定位，但基本上把东、南沿海的状况描述得一清二楚，这既是西方人认知中国的开始，也是中国人走向海洋的基础。该图的发现，也说明了九龙江口早在嘉靖年间便已充分认识到航海图的重要性，并将其知识普及到每一个识字孩童，这也是明代闽南全民皆海的底层基础。

第四节　月港的贡献与地位

月港最繁荣的时期在于万历年间，其贸易的范围遍布了全世界。明朝人以婆罗洲为界划分东西洋，东洋国家如吕宋、苏禄、猫里务、沙瑶呐哔啴、美洛居、文莱等，西洋国家如交趾、占城、暹罗、下港、柬埔寨、大泥、旧港、麻六甲、哑齐、彭亨、柔佛、丁机宜、思吉港、文郎马神、迟闷①等，这些国家和地区是中国的传统贸易对象。但该时期真正的贸易主角却不是南海周边的东西洋国家和地区，而是千里越洋而来的西方殖民者，如占据马尼拉的西班牙人，占据澳门的葡萄牙人，占有巴达维亚并打败葡萄牙人而再占有麻六甲（马六甲）的荷兰人，以及被明朝锁定为非纳贡之国但内需极其旺盛的日本。

闽南人在这个时期几乎垄断了整个黄海、东海和南海的海上贸易，西方国家或东西洋列国想要获取中国物资同时售出当地特产必须经由闽南商人进行转手交易，否则他们会在中国各口岸受到海寇的抢夺或明朝官府的缉捕。正因如此，闽南人利用娴熟的海洋驾驭能力成功架构了遍布中国、东西洋乃至南美洲、欧洲的庞大海上贸易网络，并在此基础上在中国大陆铺就了中国商品生产、销售和外国商品收购、加工、销售一条龙的经济链条。这种规模的海洋经济链条，其领先程度在当时的世界是首屈一指的，直到19世纪英国崛起时才重新架构属于西方人的海洋经济链条。明代闽南人于东南海上贸易的强大与先进性，还表现在其空前绝后的国际地位和贡献：

---

①张燮：《东西洋考》。

1. 月港是大航海时代国际海上贸易中的新型商港①

与明代以前中国沿海官方主导的官营港口不同，月港从明初开始，便以"民间自由港"的身份面世，商人借助于月港隐蔽、四通八达的地理环境，主动寻找适合的货源和销售地，以商品的供需为导向，迅速发展出适合大航海时代的新型港口经济模式。月港海上贸易的模式和深度极大地影响了中国，乃至全世界的贸易格局，从而引发了正德、嘉靖年间中国沿海突破海禁的浪潮，唤醒了大明王朝经营海洋的意识，从而直接促使开海政策的执行与西方国家经济策略的转变。以创新商品经济为基础的月港，与同时期香料、象牙、黑奴转运站的葡萄牙里斯本、东西方货物交易中心的意大利威尼斯、热那亚，印度洋物资集散地的印度卡里库

海澄月港公园——原县衙班房及武庙所在地

特，同为大航海时代引领国际贸易的新型商港。

2. 月港是美洲大航船贸易的重要起始港②

美洲大陆被发现后，西方人迅速占有和掠夺美洲资源，16—17世纪，中国的丝织品经过吕宋以大航船源源不断地输送至墨西哥和秘鲁，并被转运至欧洲各国，同时中、南美洲的白银则通过马尼拉大量输入月港等中国港口，这条在当时影响极大的贸易

①②林仁川：《世界大航海时代的漳州月港》，《闽台文化交流》，2011年，第4期，第40—44页。

线，被称为"美洲大航船贸易"，在很长的一段时间，人们一直把马尼拉当作该航线的起始地，其实不然，漳州月港才是该贸易线最重要的起始港之一。

明代中国白银流入地主要有二，其一为日本，其二为马尼拉，二者几乎都是由闽南商人垄断经营，并经由月港流入中国。白银的大量流入也深刻影响了中国的货币政策。首先，白银成为中国市场最主要的流通货币，在很大程度上改变了中国的商业交易和物价工资等；其次，白银的流入扩大了货币在赋税中的比重，促进了明清赋役制度的改革；第三，白银的流入间接导致了明清物价的上涨。由此可见，月港不单单是东南地方港口，更是影响中外政治、经济、文化的国际商港、起始港。

3. 月港是大量华商、华侨闯荡世界的出发港①

从汉唐以来，中国百姓便已走出国门，只是那时的规模还非常小，不至于影响到海外的国家和地区。华侨真正大规模到世界各地经商并定居下来的，应该从明末、清初开始，而月港便是该时期中国人出海的起始港之一。

从嘉靖年间开始，长住日本长崎者便已有两三千人，而整个日本诸岛合计不下两三万人；万历年间，聚居吕宋涧内的华人便已有数万之众，据菲律宾史料记载，1591 年涧内华侨商铺有 200 家，郊区华侨达 30640 人。而这些侨寓海外者，大多来自漳州，其中以海澄县籍为最多，他们便是从月港出洋的。

4. 月港是中国封建海关的诞生港②

在明正德以前，明朝政府实行海禁政策，海关并无任何关税，至正德三年（1508），开始实行对番货进行抽分，这种变化大大改变了明朝的朝贡体系，变相地促进了民间贩海的进行，只是此时的抽分，还停留在实物税阶段。

---

①②林仁川：《世界大航海时代的漳州月港》，《闽台文化交流》，2011 年，第 4 期，第 40—44 页。

一直到隆庆开海，作为明朝唯一法定的对外贸易港口，月港在海关税收方面做了翻天覆地的改革，其中便包含引税、水饷、陆饷、加增饷等不同的类别，其中最重要的便是将实物税改成货币税，从而完善了封建时代中国海关的税收体系，这也是得益于月港大量的白银输入所带来的货币改革、关税改革[①]。

---

①晁中辰：《明代海关税制的演变》，《东岳论丛》，2003 年，第 2 期，第 98－103页。

结　语

21世纪是海洋的世纪，作为海洋大国的中国应如何迈向海洋强国呢？除了要积极走出去向别人学习外，我们也要回顾历史，从历史中找到规律，以寻找适合中国的海洋发展方向。

而闽南人及闽南海洋历史文化，便是值得我们借鉴和深入研究的对象之一。

古老的中原农耕文明在中国东南沿海与闽越海洋文明发生碰撞，千百年中，通过相互融合、尊重，取长补短，因而产生了农业时代全世界最有竞争力的中国海洋文明。我们不能因为近世的闭关锁国而一刀切地否定中国在海洋经营上的成就。

历史从来都是动态发展的，几百年，亦不过是历史的一瞬间，近百年来中国的屈辱不代表中国传统文化的不适用，这是中国历史发展过程中的一次挫折，它可以给我们以经验教训，也可以让我们认清没有人或地区可以亘古不变地常保繁荣。

只有摸清历史发展的规律，在合适的时候选择合适的方向，才能赢得未来。诚如闽南在中国海洋历史文化中的表现。

唐至五代的中原人在背井离乡千里不远迁移至闽南时，他们不会想到这里有鲜美的海味、无穷无尽的海洋。或许在他们的内心里，曾经也是窘迫无助，对未来是毫无把握和信心的，但最终他们接受了海洋，并借助海洋发展出完全不一样的海洋生产模式，或许，他们也会庆幸，这难道不是意外的收获吗？

到了两宋时期，福建俨然成了大宋最繁荣的经济、文化重心之一。在大宋官方宽容、开放的对外政策基础上，闽南人扩大了对海的经营。他们远渡重洋，开启了东西方的航海贸易。在这个过程中，中国不仅输出精美的商品，还以先进的文化远播异域，在经济文化上继续蓬勃发展。

到了元代，辽阔的大元帝国打通了整个欧亚大陆，此时的刺桐港不再只是面对福建，更是拥有广袤的中国腹地，全国乃至全世界的商品在泉州汇聚，从而使刺桐港由闽南的区域港变成国际港。

进入明代后，即使全国开始执行海禁政策，但闽南人仍然保持经营海洋的基因和习性，继续展开海洋贸易，并最终迫使大明开海，从而缔造了大航海时代仍持续领先的东方起始港——月港。

可以说，在整个农业时代，中国的海洋文明是全世界最耀眼的中心，当历史来到明末清初时，世界在西方发生了变革，工业时代即将到来，那时的中国本可以在创新与变革的海洋活动中跟上世界的脚步，走向另一个工业时代的高潮。但很可惜，明灭清兴，再一次的闭关锁国，让中国失去了工业时代壮大发展的机会，而与海最亲近的闽南人则在迁界、海禁等一系列的磨难中处处碰壁，或过台湾，或下南洋，最终在南洋实现了南洋海洋文化的崛起。

历史如此，今日的我们可以通过闽南千百年来与海洋的各种互动找到开发海洋、利用海洋的规律，从而指导我们重新走向海洋，成为海洋的功成者。

蔡少谦

2020 年 2 月

图书在版编目（CIP）数据

走向海洋：从刺桐港到月港 / 蔡少谦，黄锡源著；厦门市思明区文化馆，厦门市闽南文化研究会编. —厦门：鹭江出版社，2020.8
（思明记忆之厦门海洋历史文化丛书）
ISBN 978-7-5459-1795-6

Ⅰ.①走… Ⅱ.①蔡… ②黄… ③厦… ④厦… Ⅲ.①海洋—文化史—研究—福建—古代 Ⅳ.①P7-092

中国版本图书馆 CIP 数据核字(2020)第 146950 号

思明记忆之厦门海洋历史文化丛书
厦门市思明区文化馆
厦门市闽南文化研究会 编

ZOUXIANG HAIYANG——CONG CITONGGANG DAO YUEGANG
走向海洋
——从刺桐港到月港
蔡少谦 黄锡源 著

出版发行：鹭江出版社
地　　址：厦门市湖明路 22 号　　　　邮政编码：361004
印　　刷：厦门集大印刷厂
地　　址：厦门市集美区环珠路　　　　电话号码：0592－6183035
　　　　　256-260 号 3 号厂房一至二楼
开　　本：890mm×1240mm　1/32
印　　张：5
字　　数：125 千字
版　　次：2020 年 8 月第 1 版　　　2020 年 8 月第 1 次印刷
书　　号：ISBN 978-7-5459-1795-6
定　　价：45.00 元

如发现印装质量问题，请寄承印厂调换。